石油化工设备维护检修规程

第九册

环 保 设 备

2019 版

中国石油化工集团有限公司
中国石油化工股份有限公司 组织编写

中国石化出版社

图书在版编目（CIP）数据

石油化工设备维护检修规程：2019版．第九册，环保设备／中国石油化工集团有限公司，中国石油化工股份有限公司组织编写．—北京：中国石化出版社，2021.1
ISBN 978-7-5114-6058-5

Ⅰ.①石… Ⅱ.①中…②中… Ⅲ.①石油化工设备-检修-技术操作规程②石油化工厂-环境保护设施-检修-技术操作规程 Ⅳ.①TE960.7-65

中国版本图书馆CIP数据核字（2020）第229461号

中国石化出版社出版发行
地址：北京市东城区安定门外大街58号
邮编：100011 电话：(010)57512500
发行部电话：(010)57512575
http://www.sinopec-press.com
E-mail：press@sinopec.com
北京柏力行彩印有限公司印刷
全国各地新华书店经销
*
787×1092毫米 16开本 11.5印张 233千字
2021年1月第1版 2021年1月第1次印刷
定价：160.00元

《石油化工设备维护检修规程》修编指导委员会

《石油化工设备维护检修规程》修编专家库

（以姓氏笔画为序）

于晓鹏	王建军	王　群	方紫咪	叶国庆	白　桦
邢　勐	吕　伟	吕建成	朱有志	朱　哲	朱晓明
朱瑞松	任　刚	任名晨	刘子英	刘训书	刘国帅
刘　昕	刘　栋	刘振宁	刘海春	刘　骏	安永明
孙新文	麦郁穗	杜博华	李　江	李江平	李志远
李　晖	李海根	吴尚兵	岑奇顺	何承厚	佘东升
邹吉翼	汪剑波	沈顺弟	张可伟	张庆河	张如俊
张继兵	张森林	张锁有	陈立义	陈立群	陈永忠
陈志雄	陈金林	陈董清	邰爱民	金　强	周　卫
周文鹏	郑显伟	赵宝成	赵　勇	胡　佳	姜　琳
袁代红	袁红斌	栗雪勇	顾雪冬	钱青松	侯言超
徐文广	徐旺喜	徐继斌	黄绍硕	黄夏林	黄　强
黄勤卫	常培挺	康宝惠	章　文	彭学群	董玉波
董雪林	蒋利军	韩建宇	游碧龙	谢小强	谢道雄
蔡培源	黎德初	潘地培	潘向阳		

环保设备专业组

组长单位： 中国石油化工股份有限公司金陵分公司

组员单位： 中国石化扬子石油化工有限公司

环保设备专业审查专家组

组　长： 陈立义

成　员： 陈　岗　原栋文　徐庆轶　林昌基　程先步
段　超　胡发军　任伯明　陈存宝　陈发俊
李学勇　文建强　郭浩杰　李红哲　张继华
高　惠

《石油化工设备维护检修规程》编辑部

主　任： 白　桦

副主任： 潘向阳

成　员： 李跃进　龚志民　孙立泉　蒋　璐　吕芳蕾
赵子萱

《石油化工设备维护检修规程》（2019）修订编制说明

《石油化工设备维护检修规程》（以下简称《规程》），自2004年出版发行以来，作为石化设备完整性管理的支持性文件，在加强石化企业设备完整性管理，提高设备维护检修水平，确保装置安全、稳定、长周期运行等方面发挥了积极作用，受到了广大石油化工设备管理及维护检修人员的欢迎。

随着新装置、新设备的增加，石油化工设备维护检修技术得到了较大的发展，同时，新工艺、新技术、新工具在设备的检维修方面逐步得到应用，装置检修周期已逐步提高到三年、四年或者更长的时间，对设备的正常维护、科学检修提出了更高的要求；随着特种设备、安全环保等方面新的法规、标准颁布，2004版《规程》部分内容已经不能满足石化企业目前设备维护检修工作的需要。

为进一步完善规程，更科学地指导企业石油化工设备的维护检修工作，不断提高设备维护检修质量和设备管理水平，以便适应装置长周期运行的要求，实现企业效益的最大化，中国石化总部决定对2004版《规程》进行修订编制。

为加强对《规程》修编工作的领导，2017年8月中国石化总部组织成立了《规程》修编指导委员会，时任集团公司总经理戴厚良任指导委员会主任，化工事业部牵头，徐钢任副主任，承担了具体领导和组织工作，炼油事业部、资本运营部、生产经营管理部、能源管理与环境保护部和石化出版社的有关领导任副主任，石化企业的设备经理任委员。委员会下设通用设备组、炼油设备组、化工设备组、化纤设备组、碳一化工设备组、电气设备组、仪表组、热电联产设备组、环保设备组、空分设备组、储运设备组等11个专业组，具体负责各专业规程的修编工作。为确保《规程》修编质量，成立了《规程》修编专家库，由国内石化设备相关领域的专家组成；特别邀请了沈鼓集团、陕鼓集团、大橡塑、杭汽集团、杭氧股份、浙江中控、天华院、中密控股、哈博实、吴忠仪表、南防集团、时林公司等优秀石化设备供应商、服务商直接参与规程的修编工作；中国石油、中国海油和中国中化各相关单位及石油石化建安检维修专业协会下属各检维修单位参与了规程审查工作。在石化出版社设立《规程》编辑部，负责规程修编的具体组织以及稿件编辑和出版技术工作。

本次修编工作，新增了48项装置维护检修规程，规定了各装置的主要设备和专用设备的检修周期、检修项目及质量要求、检修过程管理和日常维护等相关内容，同时结合装置的工艺路线，介绍了装置的工艺特性和危害特性，可为编制装置设备检修计划提供指导；新编和调整了部分设备维护检修规程，原部分按照工艺名称命名的设备按照结构进行合并调整；删除了原《规程》中已经淘汰的设备和技术陈旧或经过试行证明不合实际甚至错误的内容，调整后共计286项设备维护检修规程。

2019版《规程》按照GB/T 1.1要求，对规程进行规范，增加了前言、规范性引用文件、附录等内容；对规程中术语进行了统一，力求语言表述规范化；对设备检修周期进行了调整，删除了小修与中修的提法，将小修和中修的部分内容并入大修，日常维护的内容并入了维护章节中，同时将检修项目分解成拆卸程序与要求、回装程序与要求，进一步细化了检修工序，使规程更具可操作性；故障处理章节按照RCM的分析方法重新编制。

在《规程》修编过程中，力图按照信息化、数字化的要求，将维护检修的内容尽量工序化、条目化，为今后石油化工设备维护检修建立统一的信息化管理平台奠定良好的基础。

本次修订编制工作，中国石化各相关企业领导、设备管理人员给予了大力支持，同时得到了中国石油、中国海油、中国中化等兄弟企业以及设备供应商、服务商、检维修单位的大力支持，在此表示衷心感谢。

新编的规程，特别是装置维护检修规程，是新的尝试，还有一个试用的过程；即使是修订的设备规程，由于修订量较大，也难免会有疏漏甚至错误，敬请广大读者提出宝贵意见和建议，以便修订时补充更正。

《石油化工设备维护检修规程》修编指导委员会

2019年11月18日

《石油化工设备维护检修规程》（2004）修订编制说明

由原中国石油化工总公司生产部1992年组织编制完成、中国石化出版社1993年出版印发各石化企业试行的《石油化工设备维护检修规程》（以下简称《规程》），在加强石化企业设备管理、搞好维护和科学检修、提高设备的可靠度、延长装置运行周期、确保“安、稳、长、满、优”生产方面起到了一定的作用，深受石化企业的好评。

该《规程》出版试行以来，迄今已有十个年头。十年来，随着石油化工技术的进步，石油化工设备维护检修技术得到了较大的发展；随着新装置、新设备的不断增加，原《规程》需要扩大它的涵盖面；随着新工艺、新技术的应用，装置检修由原来的“一年一修”提高到目前的两年、三年甚至更长的检修周期，对设备的正常维护、科学检修提出了更高的要求；随着我国有关压力容器、计量管理、劳动安全等方面新法规和条例的颁布，原《规程》部分内容已不适应新的要求。因此，无论在涵盖面还是技术内容上，原《规程》已不能满足石化企业目前设备维护检修工作的需要。

为进一步完善《规程》，更科学地指导企业石油化工设备的维护检修工作、不断提高设备维护检修质量和设备管理水平、适应装置长周期运行的要求，以实现企业效益的最大化，中国石油化工集团公司和股份公司总部决定对原《规程》组织有关企业进行一次修订。

为了加强对《规程》修订工作的领导，石化集团公司及股份公司于2003年6月组成了以股份公司高级副总裁曹湘洪为主任，炼油事业部、化工事业部、炼化企业经营管理部和中国石化出版社有关领导为副主任，总部有关部门和石化企业有关同志参加的《规程》修订编制委员会，负责修订编制工作的领导。委员会下设炼油、化工、系统三个专业委员会，负责具体组织各专业规程的修订编制工作，并在石化出版社设立《规程》修订编辑部，负责具体的文字编辑和出版技术工作。

本次修订编制工作，按专业进行了分工，将原《规程》10个专业（408个单项规程）划分为三大部分，分别由炼油、化工、系统三个专业委员会负责组织修订、编制及审查工作。炼油专业委员会由炼油事业部牵头，负责通用设备、炼油设备、电气设备和仪表4个专业；化工专业委员会由化工事业部牵头，负责化工设备、化纤设备和化肥设备3

个专业；系统专业委员会由炼化企业经营管理部牵头，负责电站设备、供排水设备和空分设备3个专业。每个专业成立修订编制专业组，分别由中国石油化工集团公司和股份公司下属有关企业担任专业组组长单位，石化企业上千人参与了修订编制工作。

本次修订编制工作，主要遵循了以下几个基本原则：

(1) 应反映出石油化工设备维护检修技术的最新发展，以及对设备维护、检修在工艺、技术上的更高要求。

(2) 根据目前新颁布的有关法规、条例，对原《规程》的相关内容进行更新。

(3) 删减及修改原《规程》中涉及的已经淘汰的设备和技术陈旧或经过试行证明不切合实际甚至错误的内容。

(4) 增补《规程》中未涉及的新装置、新设备，编制增加有关内容，扩大《规程》的涵盖面。

(5) 修订和改进原《规程》中的排版、印刷方面的错误等。

本次修订编制工作的范围，主要针对中国石化系统涵盖面广、大多数企业共有的普遍性设备；对数量极少或某个企业独有的设备未列入本次修订的范围，可由设备所在企业根据情况，进行修订编制，作为本企业的规程。

由于中国石化集团公司和股份公司领导的重视，炼油事业部、化工事业部、炼化企业经营管理部、石化出版社和各有关企业的大力支持，以及全体参加修订编制人员的共同努力，整个修订编制工作进行得比较顺利。由2003年6月总部以中国石化社〔2003〕7号文“关于组织修订《石油化工设备维护检修规程》的通知”下达，整个修订编制工作正式开始起动，到2004年6月底全部修订编制工作完成，总共用了1年的时间。修订编制后的《规程》，经过删减和增补，最终共有395个单项规程，分为159个单行本，10个合订本，由中国石化出版社出版发行。

本次修订编制，除了对原《规程》进行修订外，还增补制订了一些新的单项规程。新编的规程，还有一个试行的过程；即使修订的规程，由于修订人的水平不一，也难免会有一些不适应的内容，因而各企业在执行过程中，希望能积极反馈宝贵意见。有问题和不足之处，请及时向总部有关部门提出，总部将汇总研究，于今后适当时刻给予进一步修订，使之更加完善。

本《规程》在修订编制过程中，各石化企业领导、有关设备管理、维护、检修的工程技术人员和广大职工给予了热情的帮助和大力支持，在此谨表衷心的感谢。

《石油化工设备维护检修规程》修订编制委员会

2004年6月1日

《石油化工设备维护检修规程》(1992)编制说明

随着我国石油化学工业的迅速发展，近年来一大批新装置、新设备陆续投产，并由此推动了设备维护检修技术的不断发展。总公司成立以来，设备维修一直沿用及参照十几年前有关行业部门颁发的维护检修规程进行。这些规程无论在覆盖面上，还是在技术内容上已不能满足目前设备维护检修工作的需要，且部分内容已不符合我国新颁布的有关法规或规定的要求。因此，不少企业多次要求总公司发挥石化集团的整体优势，统一编制出一整套能满足我国现代石油化工生产、指导设备维护检修工作的《石油化工设备维护检修规程》(以下简称《规程》)。

为搞好设备的精心维护和科学检修，不断提高维护检修质量，向设备的可靠度深化，总公司生产部于1990年开始组织有关石化企业着手进行《规程》的编制筹备工作，并于1991年4月正式成立编委会，以大连石油化工公司、抚顺石油化工公司、北京燕山石油化工公司、辽阳石油化纤公司、大庆石油化工总厂、齐鲁石油化工公司、上海石油化工总厂、安庆石油化工总厂、金陵石油化工公司及扬子石油化工公司等10家直属石化企业为专业编制组组长单位，分别负责牵头，全面开展通用、炼油、化工、化纤、化肥、电气、仪表、电站、锅炉、供排水和空分等设备维护检修规程的编制工作。总公司系统有35家生产企业1000余人参加了《规程》的资料收集、调研、编写、修改和审查工作。由于总公司领导的重视，各有关企业的大力支持和全体参编人员的共同努力，整个编制工作进展顺利，至1992年10月全部编制完成。全套《规程》共有500个单项规程，约600万字，分168个单行本，9个合订本，由中国石化出版社负责出版发行。

这套《规程》在参考原有有关规程、标准的基础上，总结并采用石化企业长期实践中积累的成熟经验，吸收国内外石化设备维护检修方面的先进技术，贯彻国家现行的有关法规，力图做到反映先进的维护检修技术，有利于加强设备管理，有利于搞好设备的精心维护和科学检修，对提高设备的维修质量，保证装置“安、稳、长、满、优”生产将起到积极作用。

总公司系统生产企业现有近千套装置、100万台设备，门类品种繁多。由于受调研范围、时间和篇幅的限制，本《规程》只编制了主要的和量大面广的设备。由于水平有限，内容和深度也不尽完善，希望各单位在试行中不断总结、积累经验，提出修改意见，待意见汇总后，再行修订补充，使之更加完善。

在编制本《规程》过程中，得到了有关单位领导、工程技术人员和广大职工的大力支持，在此一并表示衷心感谢。

《石油化工设备维护检修规程》编制委员会

1992年10月20日

关于《石油化工设备维护检修规程》第九册《环保设备》修订编制说明

本规程由中国石化集团公司两家企业相关专业技术人员修订编制，由企业选派优秀的专业技术人员和集团公司特邀专家经过两次评审通过。修订编制后规程更具代表性、实用性和前瞻性。

根据编委会和全体参加编制专业技术人员的意见，对2004版《给排水设备》规程涵盖面做了调整和补充，使修订后规程适用范围有所扩大，其内容方面做了较大的修订，并更名为《环保设备》。本册最终规程修编数量为：装置规程1项，设备规程12项。

相关规程修订情况如下：

一、修订《给排水装置维护检修规程》。

本规程新增了化学水处理单元和污水处理单元，删除了特种设备安全技术规范，把中国石化管理规定改为相关管理规定和文献，并对法律法规进行了补充和完善。在装置检修管理章节增加了装置检修前准备。分别对各处理单元的危害特性进行了修改；对各单元设备进行了补充和修改；对各单元主要检修内容作了修改，删掉了小修、大修；删除了系统功能故障分析、物资紧急需求计划审批表、隐蔽工程验收记录、设备开箱检验记录、分包审批表等。

二、规程中根据不同设备特点，针对性地采用了不同的编写格式，同时规范了口语化的语言和名词，采用标准用语，统一了标准化的计量单位。

三、增加了前言，用范围代替了总则，增加了规范性引用文件、维护与故障处理。

四、规程中对各主要设备的检修周期进行了调整，对检修内容进行了补充和完善。

五、重新梳理法规、规范和标准，并在规程中增加了相关要求。

六、规程中增加了近年来新改造设备和新型设备的检修规程。

七、原17个规程调整为13个，分别是《给排水装置维护检修规程》《给排水构筑物维护检修规程》《曝气池维护检修规程》《机械格栅维护检修规程》《XZG型悬挂式中心传动刮泥机维护检修规程》《给排水闸门维护检修规程》《给排水刮渣机维护检修规程》《涡凹曝气机维护检修规程》《离子交换器维护检修规程》《回转式可调速虹吸排泥机维护检修规程》《沉淀池往复式虹吸排泥机维护检修规程》《带式压滤机维护检修规程》《真空带式过滤机维护检修规程》。

目　录

给排水装置维护检修规程

SHZ 09001—2019

目　　录

前　　言

本规程按照 GB/T 1.1—2009《标准化工作导则　第 1 部分：标准的结构和编写》给出的规则起草。

本规程由中国石油化工集团有限公司、中国石油化工股份有限公司提出。

本规程起草单位：中国石油化工股份有限公司金陵分公司。

本规程主要起草人：任伯明、徐庆轶、陈存宝。

本规程 2019 年首次发布。

给排水装置维护检修规程

1 范围

1.1 本规程规定了给排水装置（包括新鲜水、循环水、化学水、污水处理等四个单元）及其主要设备、专有设备的检修周期、检修项目及质量要求、检修过程管理和日常维护的相关内容。
1.2 本规程适用于石油化工给排水装置的检修维护管理。

2 规范性引用文件

下列文件对于本文件的应用是必不可少的。凡是注日期的引用文件，仅所注日期的版本适用于本文件。凡是不注日期的引用文件，其最新版本（包括所有的修改单）适用于本文件。

2.1 法律法规

中华人民共和国安全生产法
中华人民共和国建筑法
中华人民共和国环境保护法
中华人民共和国特种设备安全法
中华人民共和国清洁生产促进法
中华人民共和国大气污染防治法
中华人民共和国水污染防治法
中华人民共和国固体污染环境防治法

2.2 标准与规范

GB/T 50484 石油化工建设工程施工安全技术标准
TSG 21 固定式压力容器安全技术监察规程
TSG D0001 压力管道安全技术监察规程——工业管道
GB 8978 污水综合排放标准
GB 3838 地表水环境质量标准
GB/T 14848 地下水质量标准
CJ/T 3020 生活饮用水水源水质标准

2.3 相关规定和文献

炼油企业检修管理指南（试行版）

3 术语与定义

下列术语和定义适用于本文件。

3.1 设备功能

设备功能指的是设备的生产效率和功能，衡量设备功能的指标随设备种类不同而异。

3.2 功能故障

设备、设施不能实现其设计功能时，称之为功能故障，定义为设备、设施不能满足期望的性能标准。一般指设备失去或降低其规定功能的事件或现象，表现为设备的某些零件失去原有的精度或性能，使设备不能正常运行、技术性能降低，致使设备中断生产或效率降低而影响生产。

3.3 A类设备

本规程规定的A类设备是指设备的功能故障引起装置停车的设备。

3.4 B类设备

本规程规定的B类设备是指该设备的功能故障虽然不引起装置的停车，但对装置的负荷、质量及可靠性具有重大影响的设备。

4 装置特征

给排水装置是炼油化工企业的重要辅助配套装置，它利用地表、地下等天然水源或城市供水，通过水质处理后或未经处理达到使用要求，为企业各生产装置提供新鲜水、化学水和循环水，对各装置排出的雨排水和含油污水进行净化处理后回收再利用或外排。

给排水装置通常由新鲜水、循环水、化学水和污水处理（含回用水处理装置）四个单元部分组成。

4.1 新鲜水单元

4.1.1 新鲜水单元工艺原则流程及流程图

由取水泵抽取地表、地下等天然水源等原水，原水通过加药混凝，沉淀池沉淀，无阀滤池过滤等水质处理后使出水水质达到生产用水标准，输送到用水管网系统。

工艺流程见图 1。

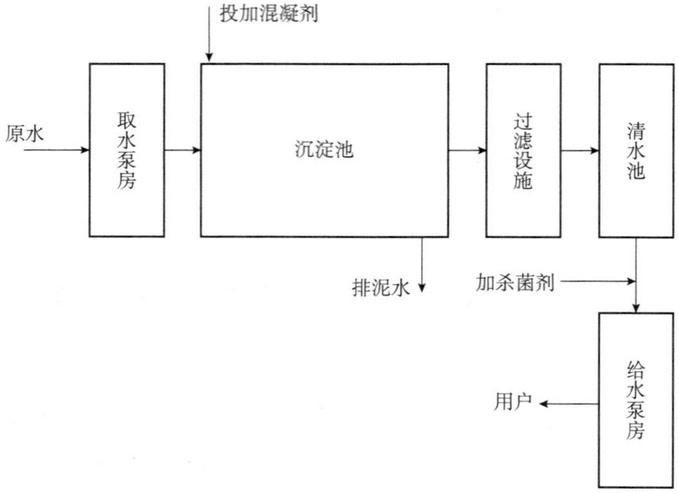

图 1　新鲜水单元原则流程图

4.1.2　新鲜水单元工艺特性

企业选用地表水或地下水为水源时，原水水质应分别符合国标 GB 3838《地表水环境质量标准》、GB/T 14848《地下水质量标准》的要求；生产用水供水水质应根据生产需要确定，并写入本企业新鲜水工艺技术规程，且浑浊度不大于 3NTU。当后续作为生活饮用水处理时，给水系统的原水水质应同时满足 CJ 3020《生活饮用水水源水质标准》的要求。

4.1.3　新鲜水单元危害特性

碳钢管线易产生锈瘤，管线末端或流速低的部位易产生微量沉积物，加快管线的腐蚀，引起泄漏，浪费水资源，污染环境。

4.2　循环水单元

4.2.1　循环水单元工艺原则流程及流程图

循环水系统是指以直接或间接冷却石油化工介质或满足其他工业生产需要为目的，经换热后返回冷却构筑物，通过与大气直接接触散热后再循环使用的一种给水系统，期间需投加药剂来缓蚀和阻垢来延长系统管线、换热器的使用寿命，通过旁滤设施来降低浊度，通过补充新鲜水或合格的回用水来降低浓缩倍数。整个系统由换热设备、冷却设备、水泵、管道、监测换热器及其他有关设备设施组成。

工艺流程见图 2。

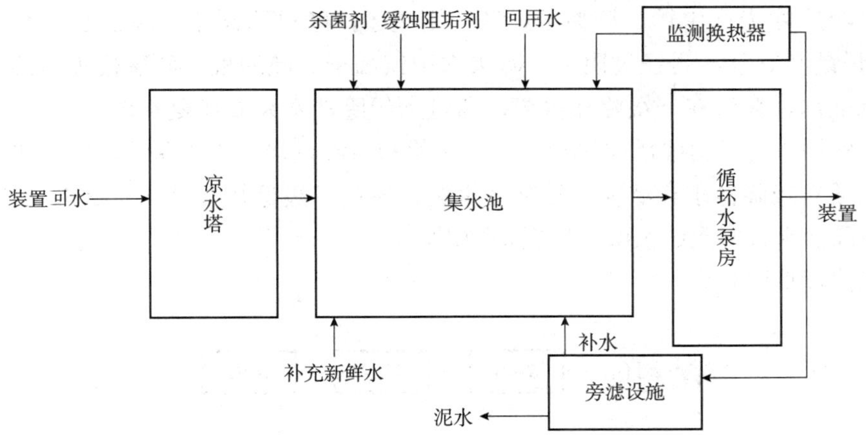

图 2　循环水单元工艺原则流程图

4.2.2　循环水单元工艺特性

循环水主要工艺特性有浊度、腐蚀速率、黏附速率、结垢速率等。循环水浊度≤20NTU（炼油企业），循环水浊度≤10NTU（其他企业）；循环水生物黏泥≤3mL/m³（炼油企业），循环水≤2mL/m³（其他企业）；循环水含油量≤10mg/L（炼油企业），循环水含油量≤5mg/L（其他企业）；循环水异养菌≤1.0×10⁵个/mL（炼油企业，其他企业）。

20#碳钢试管腐蚀速率≤0.1mm/a（炼油企业），20#碳钢试管腐蚀速率≤0.075mm/a（化工、化纤和化肥），铜质测试试管腐蚀速率≤0.005mm/a（发电）。

20#碳钢试管黏附速率≤20mg/（cm²·月）（炼油企业），20#碳钢试管黏附速率≤15mg/（cm²·月）（化工、化纤、化肥和发电）。

4.2.3　循环水单元危害特性

循环水系统在运行过程中会有各种物质沉积在换热器的传热管表面，水中生成的碳酸钙和磷酸钙等均属于微溶性盐，这些结晶沉淀物容易沉积在传热面上，垢附着会降低换热器的传热效率，影响产量，严重时则管道被堵。

循环水系统腐蚀会造成热交换器管壁变薄，机械强度下降，大大降低系统内各种设备的使用期限。腐蚀还会形成锈瘤、铁锈片，引起系统破损，使得热交换介质与工艺介质接触，造成污染，甚至是工艺装置停车事故。

循环水系统中的微生物对系统产生垢下腐蚀、氧浓差电池腐蚀，还会导致严重的局部腐蚀。另外微生物在代谢过程中会产生腐蚀性物质。

4.3　化学水单元

4.3.1　化学水单元工艺原则流程及流程图

来自新鲜水管网的原水（又称生水），经过滤后除去原水中的固体颗粒和悬浮杂质，经过阳床除去水中钙、镁离子、铁等阳离子，经过除碳器，除去水中的二氧化碳（严格地说是HCO_3^-），再经过阴床，除去水中氯离子、硫酸根、硅酸根等阴离子后，成为一级除盐水，存储在一级除盐水箱，通过一级除盐水泵并注氨水调整pH值后送入一级除盐水管网系统供给中压锅炉使用。一级除盐水经过混床再次除盐，除去水中阴、阳离子，生成二级除盐水存储在二级除盐水箱，通过二级除盐水泵并注氨水调整pH值后送入二级除盐水管网系统供给高压锅炉使用。

工艺流程见图3。

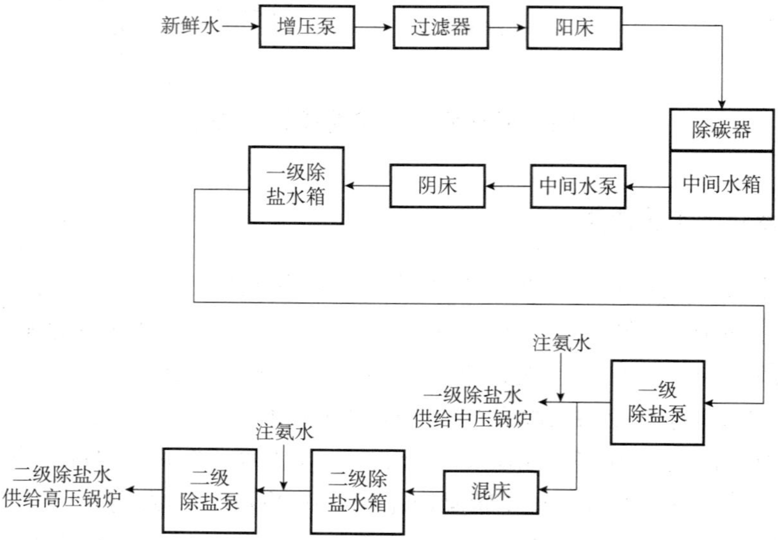

图3 化学水单元原则流程图

4.3.2 化学水单元工艺特性

化学水单元工艺特性：过滤、离子交换、除碳、除盐。

中压锅炉化学除盐水质量指标：导电度＜5.0μS/cm；硅酸根＜100μg/L；钠离子＜200μg/L；pH8.5～9.2。

高压锅炉化学除盐水质量指标：导电度＜0.4μS/cm；硅酸根＜20μg/L；pH8.5～9.4。

4.3.3 化学水单元危害特性

阳床再生使用盐酸再生，阴床再生使用碱液再生，除盐水pH通过注入氨水进行调节。酸、碱液、氨水等化学物质会腐蚀直接接触的金属结构，例如对储罐、对管线的腐蚀，引起储罐、管线泄漏，同时介质漏出影响环境；这些化学物质也会对人体带来极大危害，盐酸对眼睛和呼吸道黏膜有较强的刺激作用，碱液对皮肤有腐蚀作用，氨水腐蚀眼睛、皮肤和呼吸道等。

4.4 污水处理单元

4.4.1 污水处理单元工艺原则流程及流程图

上游各装置排放的含盐含油污水进入油水分离单元，去除大部分污油，污水经一级气浮、二级气浮后去除浮渣，污水再进行生化，经沉淀池后，一部分回收利用，一部分达标排放。从沉淀池出来的污泥集中进行浓缩，脱水后再进行压缩，然后进行干燥，干泥送至指定地点。一级生化池、沉淀池、二级生化池尾气收集后进入低浓度尾气处理装置，经脱硫脱硝处理，焚烧炉焚烧后排放到大气中；一级浮选池、二级浮选池、罐中罐等区域的尾气收集后进入高浓度尾气处理装置，经脱硫脱硝处理，焚烧炉焚烧后排放到大气中。

工艺流程见图 4。

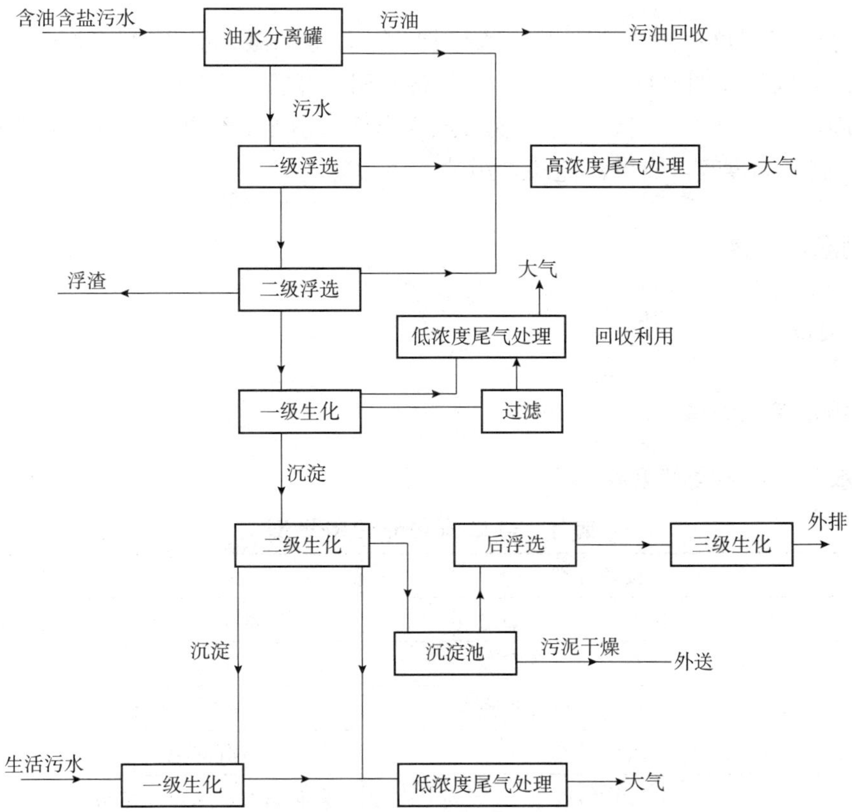

图 4 污水处理单元原则流程图

4.4.2 污水处理单元工艺特性

污水处理单元工艺特性：除油、去渣、生化、沉淀、杀菌等。

污水处理后，总排口水质指标必须符合 GB 8978《污水综合排放标准》。

4.4.3 污水处理单元危害特性

4.4.3.1 腐蚀：因来水含硫化物、盐、酸、碱、硫化氢等物质，部分含盐污水温度高，一是对直接接触的金属结构直接腐蚀，例如对储罐、对管线的腐蚀，介质漏出影响环境。二是散发出的废气具有腐蚀性，直接腐蚀雨棚钢结构、管线外表面、爬梯栏杆等外表面。

4.4.3.2 异味：因来水含硫化物、盐、酸、碱、硫化氢等物质，部分含盐污水温度高，一旦生化池、浮选池、气浮池密封不严，漏出的废气具有危害性，除了腐蚀钢结构外，对人体的伤害也是明显的，对皮肤、呼吸道都有一定的危害性，有毒气体浓度过高时会导致中毒。

4.4.3.3 环境污染：一是内部环境污染，装置管线、储罐泄漏引起浮渣、污油、中和水的泄漏，影响环境；二是水质处理未达标，氨氮、COD 超标排放，直接污染到排放地和水源。

4.4.3.4 爆炸、爆燃：因来水含油、硫化物、盐、酸、碱、硫化氢等物质，具有挥发性，可燃性的气体长期聚集后存在危害性，遇到明火或静电会发生爆燃。

4.4.3.5 固废：各单元处理后，生化池会产生出许多淤泥，这些淤泥含有重金属等有害物质，COD 高，黏度高，有的淤泥还含污油，会污染环境。

5 检修周期及内容

5.1 主要设备

5.1.1 新鲜水单元设备

新鲜水单元设备类型见表 1。

表 1 新鲜水单元设备类型

名称	设备种类		主要设备	适用规程
转动设备	泵	离心泵	给水泵、污水泵	SHS 01012
		真空泵	真空泵	
		机械隔膜泵	混凝剂计量泵	
静设备	沉淀设施		沉淀池	
	过滤器		无阀滤池、高效过滤器等	
	阀门		闸阀、蝶阀	SHS 01030
仪表	常规仪表	检测仪表、显示或报警仪表、控制仪表、辅助单元、执行器及其附件		
	在线分析仪表	浊度仪、余氯仪等	在线浊度仪、在线余氯仪等	
电气设备	电动机	三相异步电动机	三相异步电动机	SHS 06001

5.1.2 循环水单元设备

循环水单元设备类型见表 2。

表 2 循环水单元设备类型

名称	设备种类		主要设备	适用规程
转动设备	泵	离心泵	给水泵、污水泵	SHS 01012
		机械隔膜泵	水处理剂计量泵	
	风机	轴流风机	凉水塔风机	
静设备	塔		凉水塔	SHS 01007
	过滤器		旁滤池、高效过滤器等	
	阀门		闸阀、蝶阀	SHS 01030
仪表	常规仪表	检测仪表、显示或报警仪表、控制仪表、辅助单元、执行器及其附件		
	控制系统	集散控制系统（DCS）	DCS 系统	
	在线分析仪表	pH 计、电导仪、油分仪、浊度仪、余氯仪	pH 计、电导仪、油分仪、浊度仪、余氯仪	
	安全环保仪表	可燃气体检测报警仪、有毒有害气体检测报警仪		
	特殊仪表	振动检测仪表	风机振动检测仪表	
电气设备	电动机	三相异步电动机	三相异步电动机	SHS 06001

5.1.3 化学水单元设备

化学水单元设备类型见表 3。

表 3 化学水单元设备类型

名称	设备种类		主要设备	适用规程
转动设备	泵	离心泵	增压泵、中间泵、除盐泵、酸泵、废水泵	SHS 01013
		往复泵	加氨泵	SHS 01014
	离心式风机		除碳风机	SHS 01022
静设备	交换器		阳床、阴床、混合床离子交换器	
	除碳器		除碳器	
	过滤器		高效过滤器	
	储罐		阴、阳树脂清洗塔、一级除盐水箱、二级除盐水箱、中间水箱、储酸罐、储碱罐、酸计量罐、碱计量罐	SHS 01011
仪表	在线水质分析仪		在线浊度计、在线酸度计、在线钠离子分析仪、在线电导率仪、在线 pH 计	
电气设备	电动机	三相异步电动机	三相异步电动机	SHS 06001

5.1.4 污水处理单元设备

污水处理单元设备类型见表 4。

表 4 污水处理单元设备类型

名称	设备种类		主要设备	适用规程
转动设备	风机	鼓风机	生化池鼓风机	SHS 01022
		引风机	尾气处理引风机	SHS 01022
		罗茨风机	空气压缩机	
	泵	离心泵	后浮选污水泵、回用水泵、加药泵、雨水泵、污泥泵	SHS 01013
		螺杆泵	干泥泵、湿泥泵	
		往复泵	加药泵	SHS 01014
		自吸泵	自吸泵、事故泵、取水泵、雨水泵	
		齿轮泵	润滑油泵	
	其他		刮渣机、刮泥机、起重机、启闭机、机械格栅	
静设备	换热器	管壳式换热器	换热器	SHS 01009
	压力容器		换热器、净化风罐、非净化风罐、臭氧罐、液氧罐	SHS 01004
	常压容器、常压储罐		氧气储气罐、事故水罐、污油罐、浮渣罐、生活污水罐、活性污泥罐	SHS 01011
	安全阀		压力容器安全阀	
	阀门			SHS 01030
仪表设备	常规仪表	检测仪表、显示或报警仪表、控制仪表、辅助单元、执行器及其附件		
	控制系统	集散控制系统（DCS）、可编程控制系统（PLC）、机组控制系统（CCS 或 ITCC）、工业控制计算机系统（IPC）、监控和数据采集系统（SCADA）	DCS、PLC、CCC 关键机组 CCS 或 ITCC 系统	
	安全仪表系统（SIS）	安全联锁系统、紧急停车系统和可燃、有毒有害气体及火灾检测保护系统	SIS	
	在线分析仪表	在线浊度仪、油分仪、臭氧浓度仪、在线 COD 分析仪、在线氨氮分析仪		

表 4　污水处理单元设备类型（续）

名称	设备种类		主要设备	适用规程
仪表设备	安全环保仪表	可燃气体检测报警仪、有毒有害气体检测报警仪、氨氮分析仪、化学需氧量分析仪（COD）、水质分析仪、烟气分析仪（CEMS）	臭氧浓度仪、在线 COD 分析仪、在线氨氮分析仪	
	特殊仪表	振动 / 位移检测仪表、转速控制仪表	关键机组振动 / 位移检测仪表和转速控制仪表	
电气设备	电动机	三相异步电动机	三相异步电动机	SHS 06001
	其他	臭氧发生器	三级生化臭氧发生器	

5.2　检修周期

新鲜水单元检修周期一般为 6～8 年；循环水单元检修周期一般为 6～8 年；化学水单元检修周期一般为 4～6 年；污水处理单元检修周期一般为 6～8 年。以上检修周期是根据单元最主要设备的使用寿命来确定的，在实际运行中，应根据设备运行状况来确定是否进行临时检修；或者与全厂（公司）性大修周期同步进行。

5.3　检修内容

5.3.1　确定检修内容的依据

a）按法律法规要求的特种设备定期检验。

b）不符合国家安全与环境保护、节能要求的设备改造和更新。

c）已到法定检验时间的计量设施。

d）设备状况

静设备：塔、换热器、容器、管道、储罐等设备内部因内构件损坏、积垢腐蚀等原因造成运行状况恶化、性能降低等。

转动设备：磨损、疲劳、泄漏、振动等原因造成运行状况恶化、性能降低等。

电气设备：部件老化、短路、过热、受潮等原因造成运行状况恶化、性能降低等。

仪表设备：部件老化、过热、破损、受潮、程序错乱等原因造成运行状况恶化、性能降低等。

e）三剂（离子交换树脂等）失效。

f）钢结构平台、设备基础、房屋等建构筑物老化、锈蚀等必须在检修期间内维修的项目。

g）安全防护设施失效。

5.3.2　检修具体内容

5.3.2.1　新鲜水单元主要检修内容

新鲜水单元主要检修内容见表 5。

表 5 新鲜水单元主要检修内容

序号	设备名称	设备功能	功能故障	检修周期／月	检修内容	设备分级
1	给水泵	新鲜水、循环水加压后输送至管网	出口压力不足，流量降低，密封泄漏，振动异常	36	1. 更换轴承、叶轮 2. 更换密封、轴套、轴、对轮等 3. 泵壳涂镀、找正	C 类
2	真空泵	原水泵入口抽真空，便于原水泵启运	密封泄漏，真空度不足	36	1. 更换叶轮、轴承等 2. 更换密封	C 类
3	计量泵	投加药剂	出口压力不足，流量降低	24	1. 更换隔膜 2. 紧固进出口接头 3. 控制面板修复	C 类
4	污水泵	输送污水	出口压力不足，密封泄漏，振动超标	36	1. 更换轴承、叶轮 2. 更换密封、轴套、轴、对轮等 3. 泵壳涂镀	C 类
5	沉淀池	降低地表水或地下水浑浊度	新鲜水浊度超标	60	1. 更换填料，填料支架 2. 内部管线、填料支架防腐 3. 池壁渗漏需注胶堵漏	C 类
6	无阀滤池	降低新鲜水浊度	新鲜水浊度超标	36	1. 定期更换虹吸管 2. 定期更换滤料或补充滤料 3. 检查和更换滤帽	C 类
7	取水口	提供原水	淤积堵塞，影响取水量	12	定期清淤及杂物，清淤前后做好水文探测	C 类

5.3.2.2 循环水单元主要检修内容

循环水单元主要检修内容见表 6。

表 6 循环水单元主要检修内容

序号	设备名称	设备功能	功能故障	检修周期／月	检修内容	设备分级
1	给水泵	新鲜水、循环水加压后输送至管网	出口压力不足，流量降低，密封泄漏，振动异常	36	1. 更换轴承、叶轮 2. 更换密封、轴套、轴、对轮等 3. 泵壳涂镀、找正	C 类
2	计量泵	投加药剂	出口压力不足，流量降低	24	1. 更换隔膜 2. 紧固进出口接头 3. 控制面板修复	C 类
3	无阀滤池	降低新鲜水或回用水浊度	新鲜水或回用水浊度超标	36	1. 定期更换虹吸管 2. 定期更换滤料或补充滤料 3. 检查更换滤池内滤帽	C 类

表 6 循环水单元主要检修内容（续）

序号	设备名称	设备功能	功能故障	检修周期 / 月	检修内容	设备分级
4	旁滤器	降低循环水浊度	循环水浊度超标	36	1. 及时补充或更换滤料 2. 检修罐顶泄压阀 3. 及时更换或检修进出阀门	C 类
5	凉水塔风机	冷却循环水	振动异常，叶片、传动轴、电机螺栓等松动或脱落，不能继续运行，循环水温度超工艺指标	60	1. 减速机解体检修：更换轴承、齿轮、机械密封、骨架油封组件等 2. 更换轮毂、叶片等组件 3. 复核调整叶片角度、叶片与风筒间隙及叶片高低差 4. 重新找正 5. 联系仪表检查风机振动温度探头	C 类
6	凉水塔	循环水冷却场所	循环水出水温度超标	60	1. 清洗或更换填料、布水管、收水器、导流环、喷头等 2. 塔壁喷涂防菌藻涂料，检修平台防腐 3. 塔体堵漏 4. 更换塔内腐蚀钢结构	C 类
7	集水池	储存、缓冲循环水；沉积循环水中的杂质	泄漏、池底淤积，严重时影响水质；水池出口格栅破损，碎片等杂物进入装置换热器；格栅堵塞	60	1. 池壁、池底堵漏 2. 定期停工检修，清除淤泥 3. 修复格栅 4. 清理附在格栅上的杂物	C 类

5.3.2.3 化学水单元主要检修内容

化学水单元主要检修内容见表 7。

表 7 化学水单元主要检修内容

序号	设备名称	设备功能	功能故障	检修周期 / 月	检修内容	设备分级
1	离子交换器	去除水中的盐类	1. 交换器出口流量小，达不到生产指标 2. 交换器出水质量指标超标	48～72	1. 检查树脂捕捉器，内部有无树脂泄漏，进行清除；检查水帽有无松动破损，进行紧固或更换 2. 交换器失效，重新再生；检查树脂是否跑损，添加新树脂；树脂是否老化，进行更新；检查喷射器是否正常工作，进行维修；质量仪表是否正常，进行维修	C 类

表7　化学水单元主要检修内容（续）

序号	设备名称	设备功能	功能故障	检修周期／月	检修内容	设备分级
1	离子交换器	去除水中的盐类	3. 静密封泄漏 4. 交换器压力降超标 5. 交换器设备本体腐蚀 6. 再生酸、碱耗超标 7. 有交换树脂泄漏跑损 8. 设备阀门、仪表故障	48～72	3. 密封垫检查更换 4. 清除碎树脂，补充新树脂，检查；进排水集配水装置是否正常，进行维修 5. 检查处理罐体衬胶面是否老化，起壳，电火花检验器检查是否漏电，进行修补 6. 检查维修再生液中间排水装置；检查树脂是否老化，进行更换；检查喷射器是否正常，进行维修 7. 检查水帽有无松动破损，进行紧固或更换；检查中排支管网套有无破损，进行更换处理，检查中排装置是否变形断裂，进行补焊或更换 8. 所属阀门检查修理	C类
2	除碳器	去除水中的二氧化碳，降低再生碱耗	1. 除碳器出口流量达不到生产要求 2. 除碳器出水二氧化碳含量偏高 3. 静密封泄漏 4. 除碳器压力降超标 5. 设备本体腐蚀 6. 设备阀门、仪表故障	48～72	1. 检查修补布水装置，填料进行清洗或更换 2. 检查修理除碳风机 3. 密封垫检查更换 4. 填料进行清洗或更换 5. 检查修补进风口法兰防腐层，检查修补器壁防腐层 6. 检查修补填料支承多孔板防腐层 7. 检修故障仪表、阀门	C类
3	酸碱储罐	储存再生用酸碱溶液	容器老化、本体腐蚀，泄漏。附属阀门液位计故障等	48～72	1. 清理箱内杂物，冲洗内壁 2. 修理内壁防腐层 3. 一次阀门维护或更新检查 4. 检查修理液位计 5. 油漆防腐	C类
4	手动衬胶隔膜阀、直流式衬胶截止阀、气动衬胶隔膜阀	化学除盐生产中控制、关闭、投用水、酸、碱作用	阀门失效、泄漏	48～72	1. 隔膜更换 2. 轴承更换 3. 连接螺栓的修理、更换 4. 检查阀体、阀盖、气缸、气缸盖清洗 5. 检查活塞、轴承座、弹簧等零件	C类

表 7　化学水单元主要检修内容（续）

序号	设备名称	设备功能	功能故障	检修周期/月	检修内容	设备分级
4	手动衬胶隔膜阀、直流式衬胶截止阀、气动衬胶隔膜阀	化学除盐生产中控制、关闭、投用水、酸、碱作用	阀门失效、泄漏	48～72	6. 检查修理衬胶层、活塞杆、阀杆、阀瓣等零件 7. 更换活塞环、密封环、填料等易损件 8. 支座修理 9. 油漆防腐	C 类
5	酸碱管道	输送酸碱介质	腐蚀、泄漏	48～72	1. 消除泄漏 2. 冲洗管道 3. 管道修理或更换 3. 支架修理 4. 阀门修理、更换 5. 油漆与保温	C 类

5.3.2.4　污水处理单元主要检修内容

污水处理单元主要检修内容见表 8。

表 8　污水处理单元主要检修内容

序号	设备名称	设备功能	功能故障	检修周期/月	检修内容	设备分级
1	刮泥机	刮泥	1. 刮板脱落，刮皮破损 2. 刮臂坍陷、断裂、变形、腐蚀，运行时摆动 3. 减速箱开裂，轴承损坏 4. 主轴腐蚀，轴承磨损	36	1. 更换刮皮，加固刮板，调整刮板位置 2. 刮臂加固，加强防腐，调整刮臂位置 3. 更换减速箱、轴承等 4. 更换主轴轴承，加强主轴防腐，严重时更换主轴	C 类
2	刮渣机	刮渣	1. 轨道腐蚀，变形，断裂，链条脱轨 2. 刮板变形，腐蚀严重，刮皮破损 3. 减速机故障 4. 链条断裂、锈蚀严重，大链轮磨损，摆动 5. 刮板滚轮破损 6. 刮板主轴轴承磨损	12	1. 加固轨道，加强轨道防腐 2. 更换刮板，更换刮皮 3. 对减速机拆卸检修 4. 链条加强润滑，调整好松紧度，必要时更换链轮 5. 更换滚轮 6. 更换轴承	C 类

表 8 污水处理单元主要检修内容（续）

序号	设备名称	设备功能	功能故障	检修周期 / 月	检修内容	设备分级
3	机械格栅	阻挡，清理杂物	1. 链条断裂，脱落，链轮磨损 2. 耙子断裂、变形，缺齿 3. 格栅断裂，间隙大 4. 减速机故障 5. 输送带断裂，变形	12	1. 更换链条，链轮 2. 焊接耙子，补全耙齿 3. 对断裂的格栅修复并调整间隙 4. 对减速机拆卸检修 5. 更换输送带	C 类
4	曝气机	曝气	1. 叶轮脱落 2. 中间轴断裂，变形 3. 轴承磨损，破裂 4. 电机故障 5. 空气输送管腐蚀泄漏	12	1. 更换叶轮 2. 中间轴纠正，补焊或更换 3. 更换轴承，加强润滑 4. 电机检修 5. 更换或补焊空气输送管	C 类
5	闸门	挡水	1. 密封不好，泄漏量大 2. 闸板变形，轨道堵塞 3. 丝杆弯曲、磨损严重 4. 启闭机限位失效 5. 启闭机基础不稳，地脚螺栓断裂 6. 现场开关故障，失效 7. 启闭机电机烧毁，轴承磨损 8. 手动操作时手轮脱落	12	1. 更换密封条，磨平密封面 2. 闸门除锈油漆，严重时更换闸板 3. 丝杆热处理拉直，或更换 4. 限位器除湿，烘干，严重时更换限位器元件，加强防水 5. 更换地脚螺栓，加固基础 6. 开关箱除湿，或更换开关，加强密封 7. 更换电机，或更换电机轴承 8. 配齐手轮	C 类
6	曝气池	生化	1. 曝气管断裂、泄漏，曝气头脱落、堵塞 2. 风线阀门无法开关 3. 填料支架坍陷 4. 填料淤积、断裂脱落 5. 玻璃钢盖板坍陷	72	1. 更换曝气管和曝气头 2. 检修或更换风线阀门 3. 支架焊接修补，加固防腐 4. 定期清洗填料，加强排泥，严重时更换填料 5. 盖板修复加固	C 类

表 8　污水处理单元主要检修内容（续）

序号	设备名称	设备功能	功能故障	检修周期 / 月	检修内容	设备分级
7	沉淀池	沉淀	1. 池壁开裂 2. 池基础下陷 3. 爬梯、栏杆腐蚀	36	1. 泄漏处注胶堵漏 2. 从侧面加固基础，严重时需重建 3. 爬梯、栏杆加固，油漆	C 类
8	气浮池	气浮去渣	1. 池壁开裂 2. 池基础下陷、池顶塌陷 3. 爬梯、栏杆腐蚀 4. 排渣管不灵活，溢流管口放不到位	36	1. 泄漏处注胶堵漏 2. 从侧面加固基础，严重时需重建，更换池顶 3. 爬梯、栏杆加固，油漆 4. 调整排渣管位置，或更换螺杆、涡轮	C 类

6　装置检修管理

6.1　装置检修前准备工作

6.1.1　装置检修前需编制好检修施工方案、安全技术方案、安全作业指导书以及生产调整方案，查清图纸，清楚检修内容和设备构造。

6.1.2　根据检修需要，要求施工单位准备好合格的施工工具，包括水泵、吊车、动力箱、焊机、叉车等。

6.1.3　根据施工方案要提前落实好检修用的零配件，其他辅材等。

6.1.4　为确保检修项目如期完成，施工单位要备足合格的施工人员，条件允许时需加班加点；本单位也要为施工创造条件，尽早消除安全隐患，开具合格的作业票，全力配合施工单位完成检修任务。

6.2　工艺交出检修条件

6.2.1　装置工艺交出的主要要求

在装置交付检修前，由生产管理部门和安全环保部门组织相关单位召开安全达标条件验收会，检查确认设备容器人孔拆卸、盲板加装、容器内采样分析、停电、下水井封堵等工作，经相关部门签字确认后，由装置开具用火、用电、进入受限空间等相关票证，进入检修状态。工艺交出要具备以下条件：

a）装置所有盲板按照盲板图、表安装、编号、挂牌并经工艺员、设备员、安全员已签名确认；

b）PID 图上所有系统、管线得到置换处理并做好标识；

c）系统内设备、管线按规定进行吹扫和置换，取样分析合格；

d）下水井取样分析合格，存油清理干净，排水畅通，水封完好；

e）下水井和漏斗口用石棉布盖好，并用沙土封严；

f）系统内设备人孔打开前的确认；打开的设备人孔处挂上“未经许可，禁止入内”警示牌；

g）制定停工安全、环保措施和工作危害分析记录表（JHA）；

h）装置内分析不合格点挂标识，储存物料区标识、硬隔离；

i）制定检修中防硫化亚铁自燃方案；

j）指定具有监护人资格的人员负责动火、进设备等作业的监护。

装置停工交付确认表见附录A。

6.2.2 装置单元交出检修特殊要求

无。

6.3 检修过程安全环保要求

6.3.1 安全管理总体要求

a）装置检修的安全管理，坚持“安全第一、预防为主、综合治理”的方针和“谁主管，谁负责”“谁签发，谁负责”的原则，坚持以人为本、落实责任、强化监管，按属地化管理原则。

b）对于人数少的新企业要求外聘第三方HSSE监管，对于人数多的老企业或自身能力能够满足要求的老企业，可根据需要由企业自行决定是否外聘第三方HSSE监管。第三方HSSE监管纳入到HSSE管理体系。

c）各级指挥部的安全环保消防组应按指挥部管理体系要求承担相应的管理责任。

d）承包商应建立健全安全管理体系，分包商的安全管理工作由总承包商负总责。

e）安全监督管理部门对检修过程的安全管理工作进行监督检查，指挥部的安全环保消防组负责施工过程安全检查管理。运行部负责所在区域的施工项目配合和现场安全监督检查。

6.3.2 环保管理总体要求

装置停工检修改造环保管理总体要求是：密闭吹扫，有序排放，清洁停工，安全处置，达标排放。为做好停工和检修期间的环保工作，停工装置要落实密闭吹扫及除臭方案，对排放污水、吹扫尾气放空、工业废物处置应进行预申报，排放时必须做到先检测后排放，主管部门根据监测结果确定处理方式。对于化学清洗等产生的废水，项目管理部门在与清洗单位签订合同前要明确废水处理相关责任及要求。

检修施工现场HSSE日检表见附录B。

6.4 质量管理

检修质量管理的总体要求：成立检修质量管理组织机构，明确管理职责，建立质量管理程序文件。

a）对承包商资质、人员、机具等进行审查。

b）通过组织设计审查，确保设计质量。

c）物资采购管理部门组织对采购物资进行入库检验并对重点物资进行监造。

d）在施工过程中组织对检验检测的质量进行抽查。

6.5 变更管理

检修过程要加强变更管理，建立健全变更管理制度和工作流程，采取措施减少变更数量。原则上没有经过各级部门同意的变更不允许在检修中执行。

项目变更控制主要内容

a）对于试用产品、设备备件结构形式改变、材质升级要充分识别，要有专门技术论证审批过程，审批时要加强相关专业沟通确认；

b）所有变更应事前发起，只有当变更得到批准后，才可组织实施。项目变更由变更提出单位发起申请并填写“变更申请单”，按照各企业相关制度规定的权限办理审批手续；

c）对于因材料价差导致的超费用计划（或工单预算），需要补办变更手续；

d）对于不涉及费用计划的变更，如项目名称、版本号、承包商、施工方案、施工进度等也需办理相应的变更手续；

e）对于结算费用高于非包干合同标的按各企业管理制度执行变更；

f）投资类项目的变更参照各企业“固定资产投资过程控制管理规定”执行。

6.6 装置检修交回条件

装置检修交回确认主要内容：

a）装置开工人员及开车保运，人员配备落实；

b）技术、原辅材料、动力、备品备件等方面的准备；

c）队伍技术状态、开工方案学习落实情况；

d）现场规格化情况；

e）工艺和设备联锁仪表校验情况；

f）HSE 措施落实情况；

g）盲板拆除清单、技术准备情况；

h）机、电、仪、公用工程、储运、质检等相关专业准备情况；

i）停工临设拆除、施工尾项整改情况等。

装置检修交回开工确认表见附录 C。

6.7 检修后期管理

6.7.1 资料交付

承包商应在检修项目结束后30天内将交工资料完整地交给使用单位，资料包含内容如下：

竣工图纸，施工技术方案，吊装方案，施工组织设计；施工技术记录，试压记录，中间工序验收单，隐蔽工程验收单，拆检回装记录，发现问题与修复记录，设备开箱资料，设备封闭记录；设备、材料、管道附件、配件的合格证明书及质量保证书，理化检验资料，衬里、防腐、保温施工技术记录及检验报告。

6.7.2 检修总结

装置检修结束后，要对检修改造工作进行总结，对好的做法进行总结、提炼，固化这些经验，指导今后检修改造工作；对总结检修改造中存在的问题，分析原因，完善措施，不断提高管理水平。

装置停工检修工作总结模版见附录D。

7 装置日常维护

7.1 日常巡检

包括操作工的日常巡检和专业人员（设备管理人员、专业维保人员、电仪专业人员）的日常点检。

7.2 日常维护

装置日常维护的基本内容包括：设备维护保养、设备检查和设备修理。

7.2.1 设备维护保养

设备维护保养的内容是保持设备清洁、整齐、润滑良好、安全运行，包括及时紧固松动的紧固件，调整活动部分的间隙等。简言之，即“清洁、润滑、紧固、调整、防腐”十字作业法。维护保养依工作量大小和难易程度分为装置操作工保养、专职保养维修工的保养。

7.2.1.1 装置操作工保养

其主要内容是：进行清洁、润滑、紧固易松动的零件，检查零件、部件的完整。这类保养的项目和部位较少，大多数在设备的外部，一般由装置操作工人承担。

7.2.1.2 专职保养维修工的保养

主要内容包括对设备内部清洁、润滑、局部解体检查和调整，必要时对达到规定磨损限度的零件加以更换。此外，还要对主要零部件的磨损情况进行测量、鉴定和记录。

具体标准执行通用设备的检修规程。

在两种维护保养中，装置操作工保养是基础，专职保养维修工的保养是关键。

7.2.2 设备检查和设备修理

设备检查按时间间隔分为日常检查和定期检查。

日常检查由操作人员执行，同操作工的保养结合起来，目的是及时发现不正常的技术状况，进行必要的维护保养工作。

定期检查是按照计划，在操作工参加下，定期由专职维修工执行，也就是预防性检查维修。目的是通过检查，全面准确地掌握零件磨损的实际情况，以便确定是否有进行修理的必要。

7.3 常见设备故障

7.3.1 新鲜水系统常见故障

新鲜水系统常见故障见表9。

表9 新鲜水系统常见故障

设备类型	故障类型	处理方法
给水泵	叶轮脱落或破损	叶轮涂镀修复或更换
	轴磨损	轴涂镀修复或更换
	机械密封泄漏	更换机械密封
	轴承烧毁或跑外圈	更换轴承
	泵壳穿孔泄漏	补焊或涂镀
计量泵	隔膜破损	更换隔膜
	面板故障，不动作	检修面板程序或更换面板
	进出口管线接头泄漏	接头紧固或更换
系统管线	泄漏	在线堵漏处理（木塞、贴补、抱箍、扎钢带、注胶），停运后补焊、贴补或更换

7.3.2 循环水系统常见故障

循环水系统常见故障见表10。

表10 循环水系统常见故障

设备类型	故障类型	处理方法
给水泵	叶轮脱落或破损	叶轮涂镀修复或更换
	轴磨损	轴涂镀修复或更换
	机械密封泄漏	更换机械密封
	轴承烧毁或跑外圈	更换轴承
	泵壳穿孔泄漏	补焊或涂镀

表 10 循环水系统常见故障（续）

设备类型	故障类型	处理方法
计量泵	隔膜破损	更换隔膜
	面板故障，不动作	检修面板程序或更换面板
	进出口管线接头泄漏	接头紧固或更换
系统管线	腐蚀泄漏	在线堵漏处理（木塞、贴补、抱箍、扎钢带、注胶），停运后补焊、贴补或更换
凉水塔风机	叶片破损或变形	用玻璃布环氧树脂修复，或迎风面包裹不锈钢片，或更换
	减速箱齿轮磨损、缺齿	大修，更换齿轮，调整间隙
	传动轴弯曲，联轴器叠片破损	更换叠片、传动轴
	密封、加油管泄漏	更换密封，紧固加油管活接或更换
	减速箱基础腐蚀严重，强度降低	加强防腐，更换底板

7.3.3 化学水系统常见故障

化学水系统常见故障见表 11。

表 11 化学水系统常见故障

设备类型	故障类型	处理方法
增压泵 中间泵 除盐泵	叶轮脱落或破损	叶轮涂镀修复或更换
	轴磨损	轴涂镀修复或更换
	机械密封泄漏	更换机械密封
	轴承烧毁或跑外圈	更换轴承
	泵壳穿孔泄漏	补焊或涂镀
加氨泵	隔膜破损	更换隔膜
	面板故障，调节不了	检修面板程序或更换面板
	进出口管线接头泄漏	接头紧固或更换
	单向阀关闭不严，内漏	更换单向阀
过滤器	填料老化或乱层缠绕	更换填料
	清洗不彻底	彻底清洗后再投运
	进水带气	检查空气阀门
	加压室水泄漏	修理或更换加压室
除碳器	离心风机故障	检修风机
	填料层低或脏	增加填料层并清洗
	进水分配管堵	清堵

表 11　化学水系统常见故障（续）

设备类型	故障类型	处理方法
再生系统	再生剂浓度过大	关小喷射器再生剂入口阀开度
	进再生剂阀膜片脱落或卡住	修理阀门
	进再生剂管线异物堵塞或衬里鼓泡	冲洗管线或更换衬里管线
	喷射器喷嘴中心不正	重新调整
	进水压力低或交换器本体压力高	调整压力
交换器	交换器出水带树脂	检修更换水帽
	交换器再生时带树脂	检修更换水帽或更换中排网套
	阳床出水有硬度	检查高效过滤器运行情况；再生不彻底，重新再生；控制好流量；添加树脂或更换树脂
	阴床出水水质恶化，电导、硅酸根、pH 值大	阳床失效，重新再生阳床；再生不彻底，重新再生；进再生剂阀门漏更换阀门；阴床失效，停用重新再生；添加树脂或更换树脂
气动蝶阀、隔膜阀	电磁阀失电	通知仪表消除故障
	电磁阀未失电但不动作	通知仪表消除故障
	气压低	提高气压
	电磁阀气道堵	通知仪表处理

7.3.4　污水处理系统常见故障

污水处理系统常见故障见表 12。

表 12　污水处理系统常见故障

设备类型	故障类型	处理方法
换热器	管束堵塞失效	高压水进行清洗，疏通不了的及时封堵该管束
	管束腐蚀穿孔，泄漏	堵头将穿孔换热管堵死
容器、罐	罐壁腐蚀减薄，泄漏	加强防腐，严重减薄时更换罐壁板或罐底
	进出料管线法兰腐蚀，减薄失效，泄漏	更换法兰或管线，或停运补焊，加强防腐
	安全阀失效	及时校验，无法修理时更换安全阀
	呼吸阀失效	按时检查，清洗，严重时更换呼吸阀
离心泵、自吸泵	抽空，气蚀，致使机泵轴承磨损，机封泄漏，叶轮磨损穿孔	更换轴承、机封，叶轮材质升级，增加液位联锁；及时清理入口过滤器
风机	入口滤网堵，叶轮腐蚀穿孔，轴承磨损碎裂；主轴磨损变形；电机轴承磨损	及时清理入口滤网，加强轴承润滑，加强巡检，严禁超负荷运行，定期切换运行
MBR 膜丝	膜丝断裂，膜丝堵	按时进行离线化学清洗，按时加药清洗和发洗，控制好风量，抖落膜丝上的淤泥
臭氧发生器	超温超压导致联锁跳停，臭氧发生管击穿；冷却系统故障	检修仪表电气元件，接触良好，元件紧固；控制好电压和流量，不超负荷运行；检修冷却系统，确保冷却效果良好

附 录 A
（资料性附录）
装置停工交付确认表

<table>
<tr><th></th><th>确认内容</th><th>确认人</th></tr>
<tr><td rowspan="3">装置停工方案执行情况</td><td>1. 装置停工方案已全部执行完毕，各关键操作步骤已有专人签字确认</td><td></td></tr>
<tr><td>2. 装置物料退净，现场倒淋打开检查均无残余物料</td><td></td></tr>
<tr><td>3. 装置停车期间须存物料容器及管线均已加盲板隔离并明显标识，且安全附件齐全完好</td><td></td></tr>
<tr><td rowspan="3">盲板管理</td><td rowspan="3">所有盲板均已按盲板图加装完毕，经检查合格，标识完好，并有专人签字确认</td><td></td></tr>
<tr><td></td></tr>
<tr><td></td></tr>
<tr><td rowspan="2">易燃易爆、有毒有害物质管理</td><td>1. 密闭容器、管线等易燃易爆物质、有毒有害气体系统均已置换倒空，且均已采样分析合格</td><td></td></tr>
<tr><td>2. 防硫化亚铁等物质自燃的监控及安全防范措施完好</td><td></td></tr>
<tr><td>装置放射源管理</td><td>装置放射源均已抽出隔离，现场标识完好，并有专人签字确认</td><td></td></tr>
<tr><td>转动设备检修条件</td><td>动设备电机已停电，并按照规定挂停电牌</td><td></td></tr>
<tr><td rowspan="4">检修场地环境条件</td><td>1. 含油污水井、地漏已用石棉布、沙土封死盖严</td><td></td></tr>
<tr><td>2. 装置地面、明沟、平台及动静设备外表面无油污、杂物</td><td></td></tr>
<tr><td>3. 各种停工倒空废液、残液均已移出装置现场</td><td></td></tr>
<tr><td>4. 装置检修环境可燃、有毒有害气体分析合格</td><td></td></tr>
<tr><td rowspan="3">消防器材管理</td><td>1. 高压消防水系统运行正常</td><td></td></tr>
<tr><td>2. 消防通道畅通</td><td></td></tr>
<tr><td>3. 灭火器材数量齐全、完好备用</td><td></td></tr>
</table>

附　录　B
（资料性附录）
检修施工现场 HSSE 日检表

序号	检查内容	存在问题	检查人员	整改情况	验证人	备注
1	临时用电					
1.1	配备合格的持证电工					
1.2	配电箱合格、有防雨措施，按要求标识并上锁					
1.3	配电系统执行“三相五线制”，符合“三级配电二级保护”要求，安装匹配的漏电保护器，漏保动作灵敏好用，并进行日常试验和记录					
1.4	电缆及接头无破损，绝缘良好；铺设规范，走向清晰，标识明确					
1.5	用电严格执行“一机一闸一保护”					
1.6	按要求配置保护零线和工作零线，工作接地和重复接地完好					
1.7	安全电压符合作业环境要求					
1.8	使用工业插头、插座					
2	施工机具					
2.1	各种机具设备安全要求进行定期检查，确保完好					
2.2	设有机械保护装置（如转动设备等）的设备，保护装置处于完好状态					
2.3	用电机具、设施接地完好					
2.4	配备与作业要求相匹配的劳动防护用品					
2.5	空气压缩机压力表、安全阀等在检验期内并处于完好状态，高压气管和软管固定连接可靠					
2.6	气瓶垂直放置，瓶体固定可靠；气瓶分类摆放并保持安全距离，防护措施到位，气瓶阻火器、压力表等安全附件完好，气管无老化破损，连接可靠					

检修施工现场 HSSE 日检表（续）

序号	检查内容	存在问题	检查人员	整改情况	验证人	备注
3	脚手架					
3.1	脚手架搭设人员是专业架子工，并持证上岗。搭设人员按要求着装，配备五点双大钩安全带					
3.2	编制脚手架搭设方案，进行安全技术交底并有记录					
3.3	按规范要求搭设脚手架，且有良好的整体稳固性					
3.4	搭设和拆除过程必须有专人监督，周边设置警戒区					
3.5	连墙件设置可靠，各节点扣件扭矩力符合要求					
3.6	通道、护栏、腰杆、踢脚板等符合要求					
3.7	作业面满铺跳板，无孔洞，跳板可靠固定且无探头板					
3.8	作业面临时放置的材料等在允许荷载范围内，严禁超载荷；放置必须稳固，无坠物风险					
3.9	脚手架搭设完成验收合格挂牌使用					
3.10	消防设施保持完好，灭火器和消防水桶按要求配置					
3.11	消防安全通道保持畅通					
3.12	用火作业前，清理周边易燃物，采取接火措施					
4	起重					
4.1	编制了吊装方案、进行交底并有记录					
4.2	起重设备操作人员、司索、指挥持有效证件					
4.3	起重机械证照齐全有效					
4.4	起重机械安全设施、附件完好					
4.5	机索具检查完好，钢丝绳无磨损，连接可靠，绳卡数量和间距满足要求					

检修施工现场 HSSE 日检表（续）

序号	检查内容	存在问题	检查人员	整改情况	验证人	备注
4.6	吊装作业半径设置了警戒区，禁止无关人员入内					
4.7	吊装前进行评估，确保在额定起升载荷范围内进行起重作业，不得超载					
4.8	吊车支腿符合要求					
4.9	吊物捆绑符合要求，使用溜绳					
4.10	吊装作业天气、环境、风力等符合要求					
5	焊接、气割					
5.1	设备接地完好					
5.2	焊把线无破损，连接器完好					
5.3	有专人监护，灭火、防火措施到位					
5.4	可燃性气瓶与胶管连接完好，无漏气，气瓶有阻火器					
5.5	现场气瓶与明火源保持安全距离					
6	受限空间					
6.1	对所要进行作业的受限空间进行吹扫、蒸煮、置换，并分析合格。所有与受限空间相连接的管线、阀门应进行有效隔离，盲板处应挂标识牌，并经工艺技术人员签字确认					
6.2	出入口内外不得有障碍物，在受限空间入口处设置“危险！严禁入内”警告牌或采取其他封闭措施					
6.3	对有可能发生硫化亚铁自燃的设备、容器必须经充分的钝化脱臭处理，并在现场配置消防水带					
6.4	《进入受限空间作业许可证》实行一点一证					
6.5	进入受限空间作业实行“三不进入”原则，即：一、没有经批准有效的《进入受限空间作业许可证》不进入；二、安全措施未落实不进入；三、监护人不在场不进入					

检修施工现场 HSSE 日检表（续）

序号	检查内容	存在问题	检查人员	整改情况	验证人	备注
6.6	作业现场配备必要的救护器具和灭火器材等					
6.7	进入受限空间作业应使用安全电压和安全行灯					
7	作业安全					
7.1	作业前进行班前安全教育和安全技术交底，作业人员清楚当天作业内容和安全风险及注意事项					
7.2	特殊工种持证上岗					
7.3	佩戴合格安全帽，并根据作业任务佩戴专用眼部、面部、手部等防护用品，高处作业人员系挂安全带					
8	收工检查					
8.1	配电系统一级箱断电，关闭气瓶角阀					
8.2	现场火种检查清理完毕					
8.3	清理各作业面材料和杂物等，做到工完料净场地清					
8.4	落实夜间值班、巡检人员，职责到位，检查内容明确					

附 录 C
（资料性附录）
装置检修交回开工确认表

确认内容	施工单位确认	车间确认
装置开工人员及开车保镖人员配备落实		
技术、原辅材料、动力、备品备件等方面的准备		
队伍技术状态、开工方案学习落实情况		
现场规格化情况		
工艺和设备联锁仪表校验情况		
HSE 措施落实情况		
盲板拆除清单、技术准备情况		
机、电、仪、公用工程、储运、质检等相关专业准备情况		
停工临设拆除、施工尾项整改情况等		

附　录　D

（资料性附录）

装置停工检修工作总结模版

根据公司《设备检修管理制度》规定，在装置停工检修结束后各相关单位应组织编写装置停工检修工作总结。为此，就进一步做好装置停工检修工作总结提出要求如下：

封面：

名称：××× 部 ××× 装置 ×××× 年 ×× 月停工检修工作总结

编写人：×××

审核人：×××

批准人：×××（运行部领导）

编写单位：中国石化 ××× 分公司 ××× 部

编写时间：×××× 年 ×× 月

正文

（一）装置停工检修过程概述

装置开、停工、检修过程简述，本周期装置运行起止时间。

本周期装置运行中出现的主要问题。

本次停工检修、改造内容简述，检修项目计划数（包括补充、追加），检修计划完成情况。重点检修项目情况。

开停工、检修网络执行情况。

（二）主要检修内容技术总结

水处理构筑物（沉淀池、滤池、冷却塔、集水池、曝气池、气浮池等）

塔、容器部分

冷换设备、空冷器部分

阀门部分

管道部分

压缩机部分

泵部分

特殊阀门部分

输送机械部分

压力容器检验（包括缺陷返修处理）

压力管道检验（包括缺陷返修处理）

安全阀检验

其他检修方面

技术分析中要有以下内容：上次运行周期出现的问题，本次检修检查情况及采取措施；上次检修遗留问题处理情况；本周期与上周期设备隐蔽检查情况对照；重复发生问题处理方案有效性；装置系统问题；典型案例。

（三）检修计划准确性分析

（四）检修施工队伍评述

（五）材料供应评述

（六）设计质量评价

（七）检修质量评价

（八）本次检修遗留问题及预案

（九）检修管理亮点、存在的不足和下次检修需注意的问题

（十）附表

表 1　设备增加情况表

序号	位号	名称	规格型号	制造厂	数量	备注

表 2　设备拆除情况表

序号	原位号	名称	规格型号	制造厂	数量	备注

表 3　管线拆除情况表

序号　　原编号	名称	规格	长度（m）	备注

表 4　设备更换情况表

序号	位号	名称	规格型号		制造厂		数量	备注
			更换前	更换后	更换前	更换后		

表 5　冷换设备检修情况表

序号	位号	名称	规格型号	抽芯清洗	试压换垫	堵管根数	管束更换

表 6　阀门检修、更换情况表（*DN*50 和 *DN*50 以上）

序号	规格型号	公称直径	检修数量	更换数量

表 7　压力容器检验情况表

序号	计划检验台数	增加变更台数	减少变更台数	实际完成台数	缺陷返修台数

表 8　压力管道检验情况表

序号	检验计划		增加变更		减少变更		实际完成	
	条数	米数	条数	米数	条数	米数	条数	米数

表 9　安全阀门检验情况表

序号	计划检验台数	增加变更台数	减少变更台数	实际完成台数

附 录 E
（资料性附录）
装置特殊设备清单

序号	设备名称	专业代号
1	酸碱储罐	
2	臭氧发生器	
3	尾气处理设备	
4	各种膜	

给排水构筑物维护检修规程

SHS 09002—2019

代替 SHS 09002—2004

目　次

前　言

本规程按照GB/T 1.1—2009《标准化工作导则　第1部分：标准的结构和编写》给出的规则起草。

本规程代替SHS 09002—2004《给排水构筑物维护检修规程》，与SHS 09002—2004相比，除了编辑性修改外，主要技术变化如下：

——增加了前言，用范围代替了总则，增加了规范性引用文件、维护与故障处理；

——对检修内容进行了修改，不再分小修和大修；

——在原有的基础上增加了氧化池、BAF池、气浮池等最新工艺应用的构筑物的维护检修要求。

本规程由中国石油化工集团有限公司、中国石油化工股份有限公司提出。

本规程起草单位：中国石油化工股份有限公司金陵分公司。

本规程主要起草人：任伯明、徐庆铁。

本规程所代替规程历次版本发布情况：

——SHS 09002—1992、SHS 09002—2004。

给排水构筑物维护检修规程

1 范围

1.1 主题内容

本规程规定了供排水构筑物的检修周期与内容、检修程序与质量标准、试车与验收、维护与故障处理。

1.2 适用范围

本规程适用于石化系统自备水厂、循环水场和污水处理场使用的沉淀池、隔油池、浮选池、快滤池、冲洗水塔（箱）、清水池、集水井、凉水塔、生化池、MBR池、氧化池、BAF池、气浮池等构筑物的维护检修。各单位在具体检修时，应根据本规程结合实际情况编制相应检修方案。

2 规范性引用文件

下列文件对本文件的应用是不可少的。凡是注日期的引用文件，仅注日期的版本适用于本文件。凡是不注日期的引用文件，其最新版本（包括所有的修改单）适用于本文件。

GB 50141　给水排水构筑物工程施工及验收规范

GB 50069　给水排水工程构筑物结构设计规范

GB 50208　地下防水工程质量验收规范

DB11/T 1343　建筑内外墙涂料施工及验收技术规程

3 检修周期与内容

3.1 检修周期

根据对设备功能故障及其影响分析的结果、有无备用设备并结合生产装置运行周期，确定构筑物检修周期一般为5～8年，实际运行中应根据现场情况进行临时检修。

3.2 检修内容

3.2.1 池内污泥清洗，池内杂物清理。

3.2.2 池内管线及钢构件除锈、防腐。

3.2.3　池底放空阀、排泥阀检查、修理或更换。
3.2.4　池内壁修补。
3.2.5　池壁防腐处理。
3.2.6　池内填料（包括斜板）、滤料清洗、更换；滤头、配水系统等清洗、疏通、更换。
3.2.7　池体的沉降收缩缝、裂缝注胶封堵。

4　检修程序与质量标准

4.1　检修前准备

4.1.1　检修池、塔、井前必须关闭进出口阀门，必要时加盲板，与整个系统隔离。
4.1.2　放空时必须缓慢打开阀门，不得影响整个系统的操作。
4.1.3　放空后必须置换池、塔、井等内的有害气体，经气体分析合格，符合安全要求，工作人员在保证空气流通、专人监护下，开具合格的作业票后方可进入池内工作。
4.1.4　构筑物内需搭设好检修通道和逃生通道，夜间检修时需安装照明。
4.1.5　检修前必须准备好所需的材料、配件等。
4.1.6　对于大的检修需编制检修施工方案和安全技术方案。
4.1.7　与构筑物相关联的动设备必须停电，挂“禁止合闸”警示牌。

4.2　池体、塔体检修程序与质量标准

4.2.1　池体、塔体的一般修补

4.2.1.1　构筑物仅表面腐蚀，则建议按下列方法处理

混凝土表面用钢丝刷或射流水进行表面处理，然后在处理好的混凝土表面上厚厚地涂刷两层灰浆，其重量配比为 2：1 的普通硅酸盐水泥和苯乙烯丁二烯乳胶。第一层应抹进混凝土内，第二层涂刷的方向要与第一层垂直。也可在处理好的混凝土表面上涂刷三层以上环氧树脂或聚氨基甲酸酯，其厚度不得小于 0.2mm。

对于生活饮用蓄水池，不得使用聚氨基甲酸树脂和有毒涂料，所使用的检修材料应符合卫生防疫部门有关法规、规定和要求。

4.2.1.2　如结构腐蚀已经相当严重，即钢筋已外露锈蚀，需在混凝土里预埋钢筋，施加 50mm 厚配有 ϕ5mm 钢筋网，钢筋网与混凝土里钢筋焊接，再用喷射砂浆方法进行处理。
4.2.1.3　储水结构变形缝、施工缝、新旧结构接头处渗漏，需在漏水部位嵌填、粘贴或注入柔性或弹性防水材料，然后表面用弹性防水涂料和纤维材料做增强防水层。

4.3　池内附件检修程序与质量标准

4.3.1　人工或机械清出的污泥、杂物不得随意排放，应进一步处理或按环保部门的要

求堆放在指定地点。

4.3.2 管线、钢构件油漆或混凝土池壁涂涂料前，须将铁锈及附着物彻底清除干净。

4.3.3 木材、竹材等非金属填料应按技术要求选料加工，并按要求防腐处理后方可使用。

4.3.4 填料、滤料的材质及粒径的选择应符合原设计要求。

4.3.5 斜管、斜板的拆卸要符合要求，不得损伤。

4.3.6 储水构筑物穿墙管和预埋管处渗漏修补：首先清理管外侧空间的嵌填密封材料或灌浆，然后进行严密堵塞。堵塞时，将管与池壁面连接根部用弹性防水涂料配合纤维布材料做增强防水层。

4.4 凉水塔防腐

因长期受水、湿热、弱酸、弱碱及微量石油等的侵蚀和冻融的影响，塔体在每次停工期间均需进行以下工作。

4.4.1 塔体内部钢筋混凝土构件（其淋水填料除外）和钢结构部件均应进行防腐处理，凉水塔内表面可喷砂后喷涂防菌藻涂料。

4.4.2 塔体内部钢筋混凝土构件连接处的所有外露钢埋件均应除锈后，用环氧砂浆填塞抹实再进行防腐处理。

4.4.3 塔体外部的外露钢件及钢埋件均应进行防腐处理。

4.4.4 塔体进风口柱、梁处的防腐层：二布（玻璃布）三脂（环氧树脂）如已破坏的均要重新修补或更换，塔体维护板及隔墙板缝填塞物脱落的均按原样修复。

4.4.5 塔体内部的钢结构平台及栏杆、风机底板应加强防腐处理。

5 试漏与验收

5.1 试漏前准备

5.1.1 检查所有检修项目是否完工，质量是否合格。

5.1.2 检查所有与构筑物连接的管道、阀门是否关闭。

5.1.3 清理构筑物内所有的施工垃圾以及其他杂物。

5.1.4 检查与构筑物有关的液位计等仪表设备、信号线是否安装稳固。

5.2 试漏

5.2.1 生产允许情况下，逐渐打开进水阀，保持水位。

5.2.2 向构筑物分三次注水，每次注入1/3，每次注水间隔不少于24h，每次注水后观察水位有无下降，池壁、相关管件接缝处是否渗漏，其渗水量按设计水位浸湿的池壁和池底总面积（m^2）计算，钢筋混凝土水池不得超过2L/（m^2·d），砖石砌水池不得超过3L/（m^2·d）。

5.3 验收

5.3.1 建筑构件和钢构件的防腐验收按 GB 50212《建筑防腐蚀工程施工规范》和 SH/T 3022《石油化工设备和管道涂料防腐蚀设计标准》执行。
5.3.2 所有钢构件检查均应有记录。
5.3.3 更换的附件应满足设计要求，达到或优于原设计指标。
5.3.4 检修质量符合本规程标准，检修资料齐全，办理验收手续，交付生产。

6 维护与故障处理

6.1 日常维护

做好日常性巡检，发现池壁渗漏要查出原因，编制检修方案；对池顶要定期检查厚度，腐蚀减薄时，需加固或拆除重建；定期检查混凝土露筋情况，对露出的钢筋要做好防腐和密闭；检查构筑物外表的防腐情况，损坏的及时修复。

6.2 常见功能故障与处理方法

给排水构筑物常见功能故障与处理方法见表 1。

表 1 给排水构筑物常见功能故障与处理方法

序号	功能	功能故障	故障模式	故障后果	故障应对策略与检修内容	检修周期／月
1	储存介质	池壁渗漏	1. 地基沉降 2. 混凝土风化，池壁开裂	池壁渗漏，影响生产	1. 加固地基 2. 注胶堵漏	视情况定
2		池壁风化，保护层脱落	日常性风化，混凝土到使用寿命，污水腐蚀	池壁风化，保护层脱落，影响生产	1. 敲掉已风化的面层，重新粉刷 2. 新面层做防腐	视情况定
3		池底渗漏	1. 混凝土池底腐蚀破坏，开裂 2. 基础沉降	池底渗漏，环境污染	1. 拆除原池底混凝土，重做基础 2. 重新浇筑池底	视情况定
4		池顶塌陷	水汽腐蚀，钢筋外漏，混凝土风化	池顶塌陷，影响生产	拆除原池顶，重做池顶	视情况定

附　录　A

（资料性附录）

给排水构筑物检修质量控制确认表

项目	主要控制内容			等级	施工单位	生产装置	设备管理部门	备注
	标准值	部位	现场记录					
池壁裂缝堵漏	不渗水，池壁干燥			B	★	★		
池顶加固、更换	厚度达到标准 10cm 厚，C20			B	★	★		
池底裂缝堵漏	池底不渗水，地面平整无裂缝			B	★	★		
池壁、池底防腐	防腐层均匀，厚度符合要求 2mm			B	★	★		
构筑物防腐层修补	不露筋，不变形，防腐层完好			B	★	★		

注： A 级：施工单位、生产装置、设备管理部门专业人员检查确认后签字。

B 级：施工单位和生产装置专业人员检查确认后签字。

C 级：施工单位专业人员检查确认后签字。

另：如果有监理，监理的职责由甲方授权。

附 录 B
（资料性附录）
给排水构筑物试漏与验收数据记录表

装置：　　　　　　　　　　　　设备名称：　　　　　　　　　　　位号：

试漏参数记录			记录时间											
记录名称	参数位号	标准	1:00	2:00	3:00	4:00	5:00	6:00	7:00	8:00	9:00	10:00	11:00	12:00
凉水塔集水池		池壁、池底不渗水，不变形，防腐层完好，爬梯等附件完好												
无阀滤池		池壁、池底不渗水，不变形，防腐层完好，爬梯等附件完好												
BAF池、氧化池		池壁、池底不渗水，不变形，防腐层完好，爬梯等附件完好												
沉淀池		池壁、池底不渗水，不变形，防腐层完好，爬梯等附件完好												
生化池、蓄水池		池壁、池底不渗水，防腐层完好、盖板完好，池顶厚度、强度满足要求												
其他构筑物		不变形，不露筋，防腐层完好，爬梯等附件完好												
验收确认		施工单位：					管理单位：					使用单位：		
备注：1. 三方签字验收后交付生产使用。2. 大修后15个工作日内，将试车记录及验收表扫描录入设备管理系统。														

曝气池维护检修规程

SHS 09007—2019

代替 SHS 09007—2004

目　次

前　　言

本规程按照 GB/T 1.1—2009《标准化工作导则　第 1 部分：标准的结构和编写》给出的规则起草。

本规程代替 SHS 09007—2004《曝气池维护检修规程》，与 SHS 09007—2004 相比，除了编辑性修改外，主要技术变化如下：

——增加了前言，用范围代替了总则，增加了规范性引用文件、维护与故障处理；

——对检修内容进行了调整，不再分小修和大修，在检修程序和质量标准这一章节着重对池内附件的检修进行了补充。

本规程由中国石油化工集团有限公司、中国石油化工股份有限公司提出。

本规程起草单位：中国石油化工股份有限公司金陵分公司。

本规程主要起草人：任伯明。

本规程所代替规程的历次版本发布情况为：

——SHS 09007—1992、SHS 09007—2004。

曝气池维护检修规程

1 范围

1.1 主题内容

本规程规定了污水处理场曝气池的检修周期和内容、检修与质量标准以及维护与故障处理。各单位在具体检修时，应据本规程结合实际情况编制相应检修方案。

1.2 适用范围

本规程适用于污水处理场曝气池的维护检修。

2 规范性引用文件

下列文件对本文件的应用是不可少的。凡是注日期的引用文件，仅注日期的版本适用于本文件。凡是不注日期的引用文件，其最新版本（包括所有的修改单）适用于本文件。

GB 50141 给水排水构筑物工程施工及验收规范

CECS 265 曝气生物滤池工程技术规程

3 检修周期与内容

3.1 检修周期

根据曝气池内填料、填料架、曝气系统的运行情况来确定检修周期，检修周期一般为6～8年，当有曝气管脱落，填料架倒塌等特殊情况下需立即停运，安排检修。

3.2 检修内容

3.2.1 曝气池池壁重新粉刷，重做内外防腐，漏点处注胶堵漏。

3.2.2 曝气池各廊道断裂或破损的盖板修复或更换。

3.2.3 曝气池内腐蚀断裂或塌陷的填料架修复或更换。

3.2.4 入口闸阀、闸门清理、堵漏、修理，严重时更换入口闸阀、闸门。

3.2.5 腐蚀损坏的钢构件补焊或更换，破损的爬梯、栏杆修复或更换。

3.2.6 曝气池坍陷、变形的盖板检修或更换。

3.2.7 曝气池断裂、脱胶的曝气管更换或检修，曝气头疏通或更换。

3.2.8　老化、断裂、打结的填料更换。

4　检修程序与质量标准

4.1　检修前准备

4.1.1　根据现场情况，制定相应的停工方案、施工方案、安全技术方案，经安全部门现场检查，保证安全。
4.1.2　检修设施必须与其他工序设施隔离。
4.1.3　放空时必须缓慢打开阀门，不得影响整个生产系统操作。
4.1.4　池放空后必须置换尽有毒有害气体，经气体分析合格确保安全后，开具合格的作业票，工作人员在专人监护下方可入池内工作。
4.1.5　人工或机械清理出的污泥、杂物不得随意排放，必须按环保部门要求堆放在指定地点。
4.1.6　检修池内设施必须搭设合格的爬梯，设置逃生通道。
4.1.7　夜间施工时必须现场设置照明。
4.1.8　提前准备好检修材料和配件。
4.1.9　准备好施工图，按图施工。

4.2　检修与质量标准

4.2.1　池体

4.2.1.1　池体表面混凝土剥落，可作一般修补，修补方法参考如下

混凝土表面必须用钢丝刷或射流水进行处理，然后在处理好的混凝土表面上涂刷两层较厚的普通硅酸盐水泥（标号不低于425号）和苯乙烯丁二烯乳胶灰浆，二者重量比为2：1，第一层抹进混凝土内，第二层涂层刷的方向要与第一层垂直。或在处理的混凝土表面上涂刷二层环氧树脂或聚氨基甲酸酯，其厚度不得小于0.2mm，并做保护砂浆层。
4.2.1.2　池体表面已腐蚀相当严重，且钢筋已局部锈蚀，需在混凝土里预埋钢筋，加50mm厚配有ϕ5mm钢筋网，钢筋网与混凝土里钢筋焊接，然后喷射砂浆方法进行处理。
4.2.2.3　池体变形缝、施工缝、新旧结构接头处及渗漏裂缝的修补，其方法参照SHS 09002《供排水构筑物维护检修规程》进行。
4.2.2.4　池体穿墙管和预埋管处渗漏修补。修补步骤为：首先清理管外侧空间的嵌填密封材料或灌浆残渣，重新进行严密堵塞，然后将管与池壁面连接根部用防水涂料配合纤维布材料做增强防水层。

4.2.2　池内附件

4.2.2.1　管线、钢构件要求彻底除净铁锈等附着物，并进行防腐处理。

4.2.2.2 木制闸板应严格按要求选料加工，并按要求经过防腐处理后方可使用。
4.2.2.3 更换故障闸阀、螺栓、管线等。

4.2.3 曝气系统

4.2.3.1 曝气管检修或更换时，必须用卡具固定住曝气管，曝气管用强力胶黏结，曝气管布局均匀，需凝固 48h 后方可进水。
4.2.3.2 曝气头检修或更换时，需选择目数符合要求的陶瓷曝气头，曝气头要连接牢固，不得晃动；曝气头布置均匀，高低统一。

4.2.4 填料系统

4.2.4.1 拆除原腐蚀坍陷的填料架，更换成不锈钢的填料架，填料架间隔要均匀，间距适合，与墙体连接牢固。
4.2.4.2 拆除原填料，重新挂接填料，填料长度、丝数要符合过滤要求，挂接时需布置均匀。
4.2.4.3 流道要平行设置，填料要固定在填料架上，不得移动。

4.2.5 玻璃钢、水泥盖板

4.2.5.1 曝气池玻璃钢盖板老化、坍陷后，需进行加固或更换，选择有加强筋的盖板，跨度、拱度要合适，盖板厚度要合适，铺设时盖板与池面之间加设密封条，需要螺栓固定住，盖板之间连接处需加密封条，用螺栓连接。水泥盖板破损或露钢筋时需进行更换，缝隙用水泥砂浆塞填。
4.2.5.2 盖板上设置观察孔、尾气收集孔、仪表孔等，孔洞处需做好密闭措施，尾气收集到低浓度处理装置集中处理后合格排放。

5 试运与验收

5.1 试运前准备

5.1.1 检查所有检修项目是否完工，质量是否合格。
5.1.2 检查所有与构筑物连接的管道、阀门是否关闭。
5.1.3 清理构筑物内所有的施工垃圾以及其他杂物。
5.1.4 检查与构筑物有关的液位计等仪表设备、信号线是否安装稳固。

5.2 试运

5.2.1 生产允许情况下，逐渐打开进水阀，保持水位。
5.2.2 向曝气池内分三次注水，每次注入 1/3，每次注水间隔不少于 24h，每次注水后观察水位有无下降，池壁、相关管件接缝处是否渗漏，其渗水量按设计水位浸湿的池壁和池底总面积（m^2）计算，钢筋混凝土水池不得超过 2L/（m^2 • d），砖石砌水池不得超过 3L/（m^2 • d）。

5.3 验收

5.3.1 建筑构件和钢构件的防腐验收按 GB 50212《建筑防腐蚀工程施工规范》和 SH/T 3022《石油化工设备和管道涂料防腐蚀设计标准》执行。

5.3.2 所有钢构件检查均应有记录。

5.3.3 更换的附件应满足设计要求，达到或优于原设计指标。

5.3.4 池子进水至液面高于曝气头 10cm 后，打开曝气系统风线阀门进气，观察曝气头曝气情况，需曝气均匀，无明显大气泡，曝气管不抖动。

5.3.5 当池内液面高于填料时观察填料运行情况，填料摆动均匀，不存在堆积、打结现象。

5.3.6 检修质量符合本规程标准，检修资料齐全，办理验收手续，交付生产。

6 维护与故障处理

6.1 维护

6.1.1 维护内容：对于传统活性污泥法中的普通曝气池，日常维护风线、曝气入口阀门、回流泵、配水槽、观察口、配水道闸门、池壁、盖板等。

6.1.2 巡检时间：按岗位操作规程，每 2h 巡回检查 1 次，对以上每部分进行检查，发现泄漏、开闭不灵活、表面腐蚀等应及时调节和处理，严重时安排检修。

6.1.3 定期检查曝气池栏杆、平台，如腐蚀严重，则要做加强防腐或更换栏杆、平台等。

6.2 常见功能故障与处理方法

曝气池常见功能故障与处理方法见表 1。

表 1 曝气池常见功能故障与处理方法

序号	功能	功能故障	故障模式	故障后果	故障应对策略与检修内容	检修周期 / 月
1	储存污水、生化污水	进口闸门被杂物堵塞	前工序管理不善、格栅失效	曝气池无法停运	放掉积水，清除杂物	视情况定
2		池壁防腐层脱落	施工质量差，运行时间长	池壁腐蚀加剧	停止进水，防腐处理	视情况定
3		布风不均匀	布风管曝气头污泥堵塞	水质超标	人工疏通，调节风量	视情况定
4		盖板不密封，有异味	盖板变形，裂缝	尾气泄漏，影响环境	缝隙注胶，或用水泥封堵	视情况定

表 1　曝气池常见功能故障与处理方法（续）

序号	功能	功能故障	故障模式	故障后果	故障应对策略与检修内容	检修周期／月
5	储存污水、生化污水	曝气不均匀	进风管阀门开度不一	生化效果差，水质超标	调节阀门，保持布气均匀，阀门故障时更换阀门	视情况定
6		盖板观察窗脱落	盖板铰链腐蚀断裂	尾气泄漏，影响环境	更换铰链	视情况定
7		填料淤积，过滤效果差	风量小，填料抖动小，超负荷运行	出水水质超标	调节风量，更换填料，清洗池子	视情况定
8		填料塌陷	支撑架腐蚀断裂，塌陷	出水水质超标	加固、防腐或更换填料支撑	视情况定
9		池底淤泥沉积	未按时排泥，排泥阀故障	出水水质超标	按时排泥、补泥	日常工作，每天一次
10		池壁开裂	施工质量差，防腐层失效，地基下沉	渗漏	注胶堵漏	视情况定

附　录　A

（资料性附录）

曝气池检修质量控制确认表

项目	主要控制内容			等级	施工单位	生产装置	设备管理部门	备注
	标准值	部位	现场记录					
池壁、池底防腐、堵漏	防腐层良好，平整，不渗水，池底平整			B	★	★		
池内填料架加固、防腐或更换	填料架稳固，结实，防腐良好			B	★	★		
填料清洗或更换	填料布置均匀，稳固，间距适合，高度齐平，填料齐全不破损			B	★	★		
曝气管、曝气头检修或更换	曝气管稳固，规整，不破损，密封良好；曝气头稳固，畅通，布气均匀			B	★	★		
池顶盖板密闭或更换	池顶无异味，缝隙密封，观察口门窗开关灵活，密闭，盖板不变形，不破损			B	★	★		
进口闸门疏通或检修	闸门不漏水，开关灵活，防腐良好			B	★	★		
相关阀门检修或更换	阀门开关灵活，能全开全关，螺栓齐全，防腐良好			B	★	★		
池底淤泥清理	池底淤泥厚度不超过 10cm			B	★	★		

注： A 级：施工单位、生产装置、设备管理部门专业人员检查确认后签字。
B 级：施工单位和生产装置专业人员检查确认后签字。
C 级：施工单位专业人员检查确认后签字。
另：如果有监理，监理的职责由甲方授权。

附 录 B
（资料性附录）
曝气池试运与验收数据记录表

装置：　　　　　　　　　　　　　　设备名称：　　　　　　　　　　　　　　位号：

试运参数记录：			记录时间											
记录名称	参数位号	标准	1:00	2:00	3:00	4:00	5:00	6:00	7:00	8:00	9:00	10:00	11:00	12:00
池壁、池底		防腐层良好，平整，不渗水，池底平整												
池内填料架		填料架稳固，结实，防腐良好												
填料		填料布置均匀，稳固，间距适合，高度齐平，填料齐全不破损												
曝气管、曝气头		曝气管稳固，规整，不破损，密封良好；曝气头稳固，畅通，布气均匀												
池顶盖板		池顶无异味，缝隙密封，观察口门窗开关灵活，密闭，盖板不变形，不破损												
进口闸门		闸门不漏水，开关灵活，防腐良好												
相关阀门		阀门开关灵活，能全开全关，螺栓齐全，防腐良好												
验收确认		施工单位：					管理单位：				使用单位：			
备注：1. 三方签字验收后交付生产使用。2. 大修后 15 个工作日内，将试车记录及验收表扫描录入设备管理系统。														

机械格栅维护检修规程

SHS 09008—2019

代替 SHS 09008—2004

目　录

前　言

本规程按照GB/T 1.1—2009《标准化工作导则　第1部分：标准的结构和编写》给出的规则起草。

本规程代替SHS 09008—2004《机械格栅维护检修规程》，与SHS 09008—2004相比，除了编辑性修改外，主要技术变化如下：

——增加了前言，用范围代替了总则，增加了规范性引用文件、维护与故障处理；

——对检修内容进行了修改，不再分小修和大修。

本规程由中国石油化工集团有限公司、中国石油化工股份有限公司提出。

本规程起草单位：中国石油化工股份有限公司金陵分公司。

本规程主要起草人：任伯明。

本规程所代替规程的历次版本发布情况为：

——SHS 09008—1992、SHS 09008—2004。

机械格栅维护检修规程

1 范围

1.1 主题内容

本规程规定了机械格栅检修内容、检修周期和相应的质量标准、技术要求。各单位在具体检修时，根据本规程结合实际情况编制相应检修方案。

1.2 适用范围

本规程适用于污水处理装置机械格栅的维护与检修。

2 规范性引用文件

下列文件对本文件的应用是不可少的。凡是注日期的引用文件，仅注日期的版本适用于本文件。凡是不注日期的引用文件，其最新版本（包括所有的修改单）适用于本文件。

GB/T 37565 给水排水用格栅除污机通用技术条件

CJ/T 443 给水排水用格栅除污机通用技术条件

JB/T 9046 格栅除污机

HJ/T 262 环境保护产品技术要求 格栅除污机

HF-2000 型机械格栅有关资料

3 检修周期与内容

3.1 检修周期

机械格栅检修周期一般为 2～4 年，在实际运行中应根据机械格栅机运行情况来确定临时检修。

3.2 检修内容

3.2.1 清洗、纠正格栅条，有断裂时需补焊或更换格栅条。

3.2.2 解体检查主动轮轴承磨损程度，必要时更换轴承。

3.2.3 解体检查从动轮轴承磨损程度，必要时更换轴承。

3.2.4 检查、修复梳齿。

3.2.5 解体检查减速机。

3.2.6 更换两边链条和主、从齿轮。
3.2.7 检修或更换垃圾输送带。
3.2.8 现场相关电气设备检修。

4 检修程序与质量标准

4.1 检修前准备

4.1.1 准备好检修材料或配件。
4.1.2 设备停电。
4.1.3 清理格栅上杂物，格栅清洗干净。
4.1.4 清理检修现场，腾出检修设备工作空间。
4.1.5 消除现场隐患，为动火创造条件。
4.1.6 编制检修施工方案和安全技术方案。

4.2 拆卸与检测

4.2.1 减速机

蜗杆减速器、行星摆线针轮减速机按 SHS 01028《变速机维护检修规程》执行。

4.2.2 链条、链轮

4.2.2.1 逐个检查链条插销的磨损情况、润滑情况，插销弯曲变形时需更换，各链条短接不能有断裂现象。
4.2.2.2 检测主、次链轮的厚度和齿缘，不能有明显的磨损，如果磨损严重，造成运行中打滑，链条脱落等现象则要涂镀或更换链轮。
4.2.2.3 检查链条与链轮的紧合度，链条与链轮张紧度需在指标内。
4.2.2.4 检查链轮轴承，钢珠和轴承架需完好，润滑正常。
4.2.2.5 检查链轮轴承座，必须安装牢固，固定螺栓腐蚀严重时需更换螺栓。

4.2.3 格栅条、耙齿

4.2.3.1 逐个检查格栅条的腐蚀情况和变形情况，腐蚀严重或变形严重时需加强防腐和纠正格栅条，确保格栅条间距相等，有足够的强度。
4.2.3.2 检查耙齿的腐蚀情况，耙齿断裂需补全耙齿，保持耙齿间距相等。

4.3 回装与质量标准

4.3.1 轴承安装技术要求

4.3.1.1 输入轴轴承与输入轴配合采用 H6/m7 配合，轻压装配。

4.3.1.2 行星轮架与支承配合、支承轴承与二级内齿轮座配合均采用 J6/H7 配合。
4.3.1.3 输出轴与支承轴承配合，偏心轴与支承轴配合均采用 H6/m7 轻压装配。
4.3.1.4 拆装滚动轴承应使用专用工具，严禁直接敲打。
4.3.1.5 轴承内外圈，滚动体，保持架如有麻点、锈蚀、裂纹等则应更换。
4.3.1.6 轴承装入轴颈后，内圈端面必须紧贴轴肩或定位环。
4.3.1.7 与滚动轴承外圈配合的孔表面粗糙度为 R_a1.6。

4.3.2 齿轮安装质量标准及技术要求

4.3.2.1 偏心齿轮有二级内齿轮为差齿传动，装配时应保证啮合平稳、均匀。
4.3.2.2 齿轮不得有毛刺、裂纹、断裂等缺陷。
4.3.2.3 齿轮啮合处工作表面剥蚀面积不大于整个表面的 20%。
4.3.2.4 齿轮装配后，啮合必须正确，其接触面积应符合表 1 规定。
4.3.2.5 齿轮啮合的侧间隙应符合表 2 规定。
4.3.2.6 齿轮啮合的顶间隙在 0.20～0.30 倍法面模数范围内。
4.3.2.7 齿轮节圆处齿厚的最大允许磨损量为 0.20mm。

表 1 齿轮接触面积

名称	精度	7	8	9
接触面积	沿齿高不小于，%	45	40	30
	沿齿宽不小于，%	60	50	40

表 2 齿轮啮合的侧间隙

名称	中心距 /mm				
	～50	50～80	80～120	20～200	200～320
侧间隙	0.09	0.11	0.14	0.18	0.22

4.3.2.8 齿高径向跳动允许误差按表 3 规定

表 3 齿高径向跳动允许误差

齿轮名称	径向跳动允许值 /mm
太阳轮	0.06
行星轮	0.06
一级内齿轮	0.07
二级内齿轮	0.07
偏心齿轮	0.06

4.4 轴件质量标准及技术要求

4.4.1 轴及轴颈不应有毛刺、划痕、碰伤等缺陷。

4.4.2 轴颈的不柱度和椭圆度应不大于 0.02mm。
4.4.3 安装轴承处的轴颈表面粗糙度为 R_a0.8。

4.5 密封圈等密封件质量标准及技术要求

4.5.1 密封圈老化、变形、磨损及损坏时，应更换。
4.5.2 装配前应检查、调整密封圈内镶嵌的弹簧的松紧程度、涂润滑脂，注意正反向。
4.5.3 链条安装质量标准及技术要求

传动链条的张紧度按下列公式调整：

$$h=L/10$$

式中 h——链条紧张度（链条重度），mm；

L——两链轮中心距，mm。

4.6 机体安装质量标准及技术要求

机盖与机体的剖分面应平整光滑，保证严密可靠，小于 0.05mm 塞尺插入深度不得大于剖分面的 1/3。

4.7 格栅与耙齿安装质量标准和技术要求

格栅平整，格栅条间距相等，防腐良好，有足够的强度，无变形；耙齿完好，与格栅紧密结合，运行时平稳。

5 试车与验收

5.1 试车前准备

5.1.1 检查减速机润滑油油位高度，应符合规定，链轮、链条润滑良好。
5.1.2 检查检修项目是否全部完工，链条松紧度是否合适，各种罩子是否固定。
5.1.3 检修现场是否清理干净、整洁。
5.1.4 设备送电。

5.2 试车

5.2.1 空载试车

5.2.1.1 各密封处不应有渗油现象。
5.2.1.2 各连接件，紧固件应紧密可靠，无松动现象。
5.2.1.3 减速机运转平稳，不应有冲击声音，振动值在规定范围内。
5.2.1.4 链条、链轮运行平稳，无异响，无偏移。
5.2.1.5 耙齿运行平稳，不与格栅碰撞。

5.2.2 负载试车

5.2.2.1 齿轮啮合良好，无异常声音。

5.2.2.2 减速机振动振幅应小于 0.05mm（双峰值）。

5.2.2.3 新换齿轮后，减速机在负载试车结束，清除磨损下来的金属粉末，更换机内润滑油。

5.2.2.4 输送带运行平稳。

5.2.2.5 模拟试验，过载自动保护装置动作应灵敏。

5.3 验收

检修质量符合本规程标准，检修资料齐全，办理验收手续，交付生产。

6 维护与故障处理

6.1 日常维护

6.1.1 严格执行操作规程。

6.1.2 机体表面应保持清洁，耙齿捞上来的杂物应及时清理。

6.1.3 加强巡回检查，检查减速箱油位、振动是否正常，有无泄漏。

6.1.4 检查耙齿运行情况，发现异常，应立即停车处理。

6.1.5 检查链条、链轮啮合情况，链条脱落时立即停车处理。

6.2 维护时间

6.2.1 每 2h 巡检 1 次。

6.2.2 及时清理捞出的杂物，放在固定的地点。

6.3 常见功能故障与处理方法

机械格栅常见功能故障与处理方法见表 4。

表 4 机械格栅常见功能故障与处理方法

序号	功能	功能故障	故障模式	故障后果	故障应对策略与检修内容	检修周期／月
1	拦截、清理杂物	操作盘报警，设备不动作	过载，格栅条被杂物塞住，卡死传动链及耙齿，保护装置动作	机械故障	切断电源，清除杂物重新启动	视情况定
2		机体过热，轴承烧毁，减速箱开裂	1. 轴颈弯曲 2. 轴承磨损、碎裂 3. 齿轮啮合间隙过小 4. 润滑油油量不足	机械故障	1. 调直或更换轴颈 2. 更换轴承 3. 调整间隙 4. 添加润滑油	视情况定

表 4　机械格栅常见功能故障与处理方法（续）

序号	功能	功能故障	故障模式	故障后果	故障应对策略与检修内容	检修周期／月
3	拦截、清理杂物	噪声或振动过大	1．轴弯曲变形 2．齿轮磨损严重 3．轴承损坏 4．润滑油不足 5．连接件松动	机械故障	1．更换轴 2．更换齿轮 3．更换轴承 4．添加润滑油 5．紧固连接件	视情况定
4		减速箱漏油	1．配合面间垫片损坏 2．密封圈老化、弯形、磨损 3．润滑油温度过高，引起密封变形损坏	引起动设备故障，严重时烧毁轴承	1．更换垫片 2．更换密封圈 3．检查发热原因，并更换轴封	视情况定
5		耙齿捞不到杂物	1．格栅间隙过大，挡不住杂物 2．耙齿缺齿	拦截杂物效果差	1．调整格栅间隙 2．补全耙齿的齿	视情况定
6		主、次链条断裂	1．过载，格栅条被杂物塞住 2．卡死传动链及耙齿	机械故障，无法拦截杂物	1．人工清理格栅上杂物 2．更换链条	视情况定
7		垃圾输送带不动作	1．电机故障 2．链条断裂	无法及时清理杂物	1．电气维修 2．检修或更换链条	视情况定
8		大、小链轮脱落，晃动	1. 链轮定位销脱落或磨损 2. 链轮不在一垂直面	无法运行	1. 更换链轮定位销 2. 调整链轮至同一垂直面上	视情况定
9		轴承烧毁、散架	轴承缺润滑脂，轴承座散架	链轮、链条运行不稳，减速机过载	更换轴承座，加强轴承润滑	视情况定

附 录 A
（资料性附录）
机械格栅检修质量控制确认表

项目	主要控制内容			等级	施工单位	生产装置	设备管理部门	备注
	标准值	部位	现场记录					
间隙	见表 2	齿轮		B	★	★		
紧张度	中间自然下垂 3～5cm	链条		B	★	★		
偏心度	±2mm	链轮		B	★	★		
振动	振幅应小于0.05mm（双峰值）	轴承		B	★	★		
齿高径向跳动值	见表 3	齿轮		B	★	★		

注： A 级：施工单位、生产车间、二级管理部门、公司管理部门检查确认后签字。

B 级：施工单位和生产车间检查确认后签字。

C 级：施工单位检查确认后签字。

另：如果有监理，监理的职责由甲方授权。

附 录 B
（资料性附录）
机械格栅试车与验收数据记录表

装置： 设备名称： 位号：

试车参数记录：			记录时间											
记录名称	参数位号	标准	1:00	2:00	3:00	4:00	5:00	6:00	7:00	8:00	9:00	10:00	11:00	12:00
减速箱		各齿轮间距合适，轴承稳固，润滑良好，各螺栓紧固												
大、小链条		运行平稳，扣件完好，紧张度合适，不偏移，润滑良好												
大、小链轮		运行平稳，不磨损，不摆动，齿型良好，强度满足要求												
轴承		轴承润滑良好，不超温，轴承座稳固												
格栅		格栅条不腐蚀，不变形不缺，间距合适												
耙齿		运行平稳，不缺齿，齿形完好												
输送带		运行平稳，不偏移，输送带不破损												
验收确认		施工单位：					管理单位：					使用单位：		
备注：1. 三方签字验收后交付生产使用。2. 大修后15个工作日内，将试车记录及验收表扫描录入设备管理系统。														

回转式可调速虹吸排泥机维护检修规程

SHS 09010—2019

代替 SHS 09010—2004

目　次

前　言

本规程按照GB/T　1.1—2009《标准化工作导则　第1部分：标准的结构和编写》给出的规则起草。

本规程代替SHS　09010—2004《回转式可调速虹吸排泥机维护检修规程》，与SHS　09010—2004相比，除了编辑性修改外，主要技术变化如下：

——增加了前言，用范围代替了总则，增加了规范性引用文件、维护与故障处理；

——对检修内容进行了修改，不再分小修和大修；

——增加了拆卸与安装过程中步骤的具体描述、注意事项和技术要求；

——修改了检查内容，增加了虹吸潜水泵的检修；

——在维护与故障处理章节中，采用了RCM的分析方法根据实际重新进行了编写。

本规程由中国石油化工集团有限公司、中国石油化工股份有限公司提出。

本规程起草单位：中国石化扬子石油化工有限公司。

本规程主要起草人：李红哲。

本规程所代替规程的历次版本发布情况为：

——SHS　09010—1992、SHS　09010—2004。

回转式可调速虹吸排泥机维护检修规程

1 范围

1.1 主题内容

本规程规定了回转式可调速虹吸排泥机的检修周期与内容、检修与质量标准、试车与验收、维护与故障处理。

1.2 适用范围

本规程适用于污水处理装置常用回转式可调速虹吸排泥机的维护与检修。

2 规范性引用文件

下列文件对于本文件的应用是必不可少的。凡是注日期的引用文件，仅所注日期的版本适用于本文件。凡是不注日期的引用文件，其最新版本（包括所有的修改单）适用于本文件。

CJ/T 523 水处理用辐流沉淀池周边传动刮泥机

JB/T 8696 吸泥机技术条件

3 检修周期与内容

3.1 检修周期

根据对回转式可调速虹吸排泥机功能故障及其影响分析结果、有无备用设备以及生产装置运行周期，确定检修周期，一般为5～8年。

3.2 检修内容

3.2.1 解体检查减速机，检查各转动件磨损情况。

3.2.2 解体检查中心旋转支架，检查磨损情况。

3.2.3 解体检查行走轮机构，检查主、从动滚轮、轴、轴承等磨损情况。

3.2.4 检查真空虹吸系统。

3.2.5 检查更换刮浮渣机构。

3.2.6 检查虹吸管。

3.2.7 检查调整溢流堰板。

3.2.8 轨道检查，维修。

4 检修程序与质量标准

4.1 拆卸前准备

4.1.1 各项准备工作应符合安全、环保、质量等方面的要求，应对检修过程进行危害识别及风险评估、环境因素识别和影响评价。
4.1.2 根据设备运行状况，分析故障原因和部位，依据本规程制定详尽的检修技术方案；组织相关人员现场交底，并制定检修施工方案；检修人员应熟悉设备图纸、技术资料与检修方案。
4.1.3 检查落实物资准备（包括材料、备品、安全工具、施工机具等）和检修施工场地准备。
4.1.4 检查安全措施准备，放置好安全警示牌、安全警示绳，检修时必须对现场孔洞、楼梯口、吊装口设围栏或盖板，做好夜间照明及防盗等工作。
4.1.5 落实好安全环保措施，按规定断水、断电、物料倒空，具备检修条件，办理好检修作业票后，方可施工。

4.2 拆卸与检查

4.2.1 拆卸并检查减速机
4.2.1.1 做好联轴器标记，拆卸减速机联轴器，参照SHS 01028《变速机维护检修规程》。
4.2.1.2 拆卸无级调速器，检查中心轴直线度不大于0.02mm，圆跳动值不大于0.02mm。
4.2.1.3 检查被动摩擦盘的磨损情况，磨损量应小于1mm；检查是否有机械损伤、裂纹。
4.2.1.4 检查主动摩擦盘凸面磨损情况，磨损量应小于1mm；检查是否有机械损伤、裂纹。
4.2.1.5 检查轴承是否有磨损、腐蚀情况，轴承内圈与传动轴配合为H7/k6或H7/m6，轴承外圈与轴承箱内孔配合为J7/h6或K7/h6。
4.2.1.6 检查弹簧是否有裂纹、锈蚀现象。
4.2.2 拆卸齿轮减速箱
4.2.2.1 减速箱检修见SHS 01028—2018《变速机维护检修规程》。
4.2.3 拆卸行走机构
4.2.3.1 检查滚轮外包聚氨酯胶皮有无裂纹、脱落，有无磨损等。
4.2.3.2 检查轮轴是否有拉痕、磨损、弯曲、腐蚀等情况。
4.2.3.3 检查轴承是否完好，清洗并加润滑脂。
4.2.3.4 检查轴套是否有磨损、腐蚀等情况。

4.2.4 拆卸中心旋转支架

4.2.4.1 用千斤顶顶起桁架，拆除中心集电环，取出中心旋转支架。

4.2.4.2 检查内外圈、滚动体、保持架等腐蚀、磨损情况。

4.2.4.3 检查油封是否磨损、裂纹、老化。

4.2.5 拆卸真空虹吸系统

4.2.5.1 检查管线活接头、法兰密封是否完好。

4.2.5.2 检查潜水泵绝缘情况，潜水泵检修见 SHS 01013《离心泵维护检修规程》。

4.2.6 拆卸刮渣机构

4.2.6.1 检查浮渣刮板是否完好。

4.2.6.2 检查清理浮渣管线。

4.2.7 拆卸虹吸管

4.2.7.1 检查虹吸管法兰处密封垫是否失效。

4.2.7.2 检查虹吸管吸泥嘴有无机械损坏、堵塞等缺陷。

4.2.7.3 检查清理虹吸管内积泥污物。

4.2.8 检查溢流堰板有无腐蚀、变形等情况，螺栓有无腐蚀、松动或脱落。

4.2.9 检查轨道钢板有无裂纹、腐蚀等现象，连接处是否脱焊，轨道水平度偏差不超过 0.50mm/m。

4.3 回装与质量标准

4.3.1 回装虹吸管

4.3.1.1 回装虹吸管，吸泥嘴与池底间距不大于 50mm。

4.3.1.2 调整虹吸管吊架螺栓，使每根虹吸管水平度偏差不得超过 0.20mm/m。

4.3.1.3 更换虹吸管各连接法兰密封垫，并校正虹吸立管部分至竖直位置，虹吸管真空度在 -0.05～-0.1MPa。

4.3.2 回装刮渣机构

调整牵引钢丝绳长度，刮板在液面下 20～50mm，确保刮渣板可以刮到浮渣。

4.3.3 回装真空虹吸系统

4.3.3.1 检查管线活接头、法兰密封是否完好。

4.3.3.2 检查潜水泵绝缘情况，潜水泵检修见 SHS 01013《离心泵维护检修规程》。

4.3.4 回装中心旋转支架

4.3.4.1 检查内外圈、滚动体、保持架等腐蚀、磨损情况。

4.3.4.2 检查油封是否磨损、裂纹、老化。

4.3.4.3 用千斤顶顶起桁架，安装中心旋转支架，水平度小于 0.04mm/m。

4.3.4.4 安装中心集电环。

4.3.5 回装行走机构

4.3.5.1 滚轮与轴配合采用 H7/k6。

4.3.5.2 轴承与轮轴配合采用 H7/m6。

4.3.5.3 轴承座表面应无裂纹、无磨损。
4.3.5.4 调整主、从动轮定位垫铁高度及前后方向，保证桁架水平度偏差不超过0.50mm/m。
4.3.5.5 主、从动滚轮的中心线径向偏差不大于2mm。
4.3.6 回装减速机
4.3.6.1 主动摩擦盘凸面打磨，去除毛刺，主动摩擦盘凸面曲线磨损量应小于1mm。
4.3.6.2 测量被动摩擦盘厚度，视情况更换。
4.3.6.3 回装中心轴，直线度不大于0.02mm，圆跳动值不大于0.02mm。
4.3.6.4 清洗检查轴承、油封，必要时更换，并更换润滑脂。
4.3.6.5 消除中心轴与被动摩擦盘托架相连处的松动。
4.3.6.6 检查弹簧是否有裂纹、锈蚀现象。
4.3.6.7 减速箱回装见SHS 01028《变速机维护检修规程》。
4.3.7 检查轨道钢板有无裂纹、腐蚀等现象，要求轨道部分水平度偏差不超过0.50mm/m。
4.3.8 桁架修复
4.3.8.1 检查桁架有无脱焊、变形等现象，必要时进行补焊、整形及加强。
4.3.8.2 桁架整体除锈、防腐。

5 试车与验收

5.1 试车前准备

5.1.1 检查检修记录，确认检修数据正确。
5.1.2 编制试车方案，方案并经生产装置审核合格。
5.1.3 检查减速机油位及其他润滑部位。
5.1.4 检查电气元件接线完好，绝缘合格，电源接通。
5.1.5 单试电机转向正确，振动、温升符合要求，连接联轴器。
5.1.6 检查各连接螺栓紧固良好。

5.2 试车

5.2.1 虹吸试验

制作虹吸，检查虹吸总量是否符合生产要求，一般保持72h虹吸不被破坏。

5.2.2 启动行走机构

5.2.2.1 检查无级调速器、减速箱，运行平稳、无杂音。
5.2.2.2 变速机调速正常，无振动、异响。
5.2.2.3 滚轮运行平稳，无异响。
5.2.2.4 中心支架运行无振动、杂音。

5.3 验收

5.3.1 连续运转 24h 后，各项技术指标均达到设计要求。

5.3.2 设备达到完好标准。

5.3.3 检修记录齐全、准确，按规定办理验收手续。

6 维护与故障处理

6.1 日常维护

6.1.1 定时巡检，做好记录。

6.1.2 定时检查减速机油位、振动、温度和响声。

6.1.3 定时检查中心支架的润滑。

6.1.4 定时检查滚轮轴承温度、响声及滚轮胶皮磨损情况。

6.1.5 定时检查虹吸是否完好。

6.2 常见功能故障与处理方法

回转式可调速虹吸排泥机常见功能故障及处理方法见表 1。

表 1 回转式可调速虹吸排泥机常见功能故障与处理方法

序号	功能	功能故障	故障模式	故障后果	故障应对策略与检修内容	检修周期 / 月
1	保证虹吸排泥机连续运转	中心支架故障	中心支架磨损	运转有噪声，振动大	加注润滑脂；根据检修周期更换中心支架	12～24
		滚轮故障	滚轮轴承磨损	轴承有噪声	加注润滑脂；根据检修周期更换轴承	视情况定
			滚轮外包聚氨酯胶皮脱落	运转有噪声	更换滚轮	视情况定
		减速机故障	摩擦盘磨损	减速机噪声大	更换摩擦盘	视情况定
			齿轮磨损	减速机振动大	更换配件	36～48
			轴承磨损	减速机振动大	更换轴承	36～48
			润滑油不足	减速机温度过高	加注润滑油	视情况定
2	保证连续排泥	不能连续排泥	管线泄漏	沉淀池水中悬浮物增加，浊度超标	更换密封垫片	视情况定
			虹吸泵故障	沉淀池水中悬浮物增加，浊度超标	更换潜水泵	12～24
			虹吸管内积泥过多	沉淀池水中悬浮物增加，浊度超标	清理疏通污泥管	视情况定

附 录 A
（资料性附录）
回转式可调速虹吸排泥机检修质量控制确认表

项目	主要控制内容			等级	施工单位	生产装置	设备管理部门
	标准值	部位	现场记录				
拆卸中检测							
摩擦盘磨损量	≤ 1mm			C	★		
滚动轴承内圈与中心轴配合	H7/k6 或 H7/m6			B	★	★	
轴承外圈与轴承箱内孔配合	J7/h6 或 H7/h6			B	★	★	
检查中心支架水平度	≤ 0.04mm/m			B	★	★	
滚轮与轴的配合	H7/k6			B	★	★	
轴承与轮轴配合	H7/m6			B	★	★	
回装时检测							
吸泥嘴与池底间距	≤ 50mm			C	★		
调整虹吸管吊架螺栓，每根虹吸管水平度偏差	≤ 0.20mm/m			B	★	★	
中心轴直线度	≤ 0.02mm			C	★		
中心轴跳动值	≤ 0.02mm			C	★		
摩擦盘磨损量	≤ 1mm			C	★		
滚动轴承内圈与中心轴配合	H7/k6 或 H7/m6			B	★	★	
轴承外圈与轴承箱内孔配合	J7/h6 或 H7/h6			B	★	★	
检查中心支架水平度	≤ 0.04mm/m			B	★	★	
车轮与轴的配合	H7/k6			B	★	★	
轴承与轮轴配合	H7/m6			B	★	★	
主、从动滚轮的中心线径向偏差	≤ 2mm			B	★	★	
刮板在液面下深度	20～50mm			C	★		
轨道部分水平度偏差	≤ 0.50mm/m			C	★		

注： A 级：施工单位、生产装置、设备管理部门专业人员检查确认后签字。
B 级：施工单位和生产装置专业人员检查确认后签字。
C 级：施工单位专业人员检查确认后签字。
另：如果有监理，监理的职责由甲方授权。

附　录　B
（资料性附录）
回转式可调速虹吸排泥机试车与验收数据记录表

序号	检修部位名称	质量标准	检查情况	检查情况	确认人
1	减速机	运行平稳，无杂音。润滑油位在油窗1/2～2/3处。振动温度均符合要求。振动≤4.5mm/s，温度≤70℃		C	
2	滚轮轴承	润滑良好，运转正常，无杂音。振动温度均符合要求。振动≤4.5mm/s，温度≤70℃		B	
3	中心支架	润滑良好，运转正常，无杂音。振动温度均符合要求。振动≤4.5mm/s，温度≤70℃		B	
4	轨道	轨道平直，水平度、直线度均在误差允许范围内。轨道无杂物		C	
5	虹吸系统	虹吸形成后，不自破		B	

备注： 1. 双方签字验收后交付生产使用。

2. 大修后15个工作日内，将试车记录及验收表扫描录入设备管理系统。

沉淀池往复式虹吸排泥机维护检修规程

SHS 09011—2019

代替 SHS 09011—2004

目　　次

前　言

本规程按照GB/T 1.1—2009《标准化工作导则　第1部分：标准的结构和编写》给出的规则起草。

本规程代替SHS 09011—2004《沉淀池往复式虹吸排泥机维护检修规程》，与SHS 09011—2004相比，除了编辑性修改外，主要技术变化如下：

——增加了前言，用范围代替了总则，增加了规范性引用文件、维护与故障处理；

——对检修内容进行了修改，不再分小修和大修；

——增加了虹吸潜水泵的检修及运行跑偏检查处理调整；

——增加了拆卸与检修过程中步骤的具体描述、注意事项和技术要求；

——修改了试车与验收过程中的部分内容；

——在维护与故障处理章节中，采用了RCM的分析方法根据实际重新进行了编写。

本规程由中国石油化工集团有限公司、中国石油化工股份有限公司提出。

本规程起草单位：中国石化扬子石油化工有限公司。

本规程主要起草人：张继华。

本规程所代替规程的历次版本发布情况为：

——SHS 09011—1992、SHS 09011—2004。

沉淀池往复式虹吸排泥机维护检修规程

1 范围

1.1 主题内容

本规程规定了往复式虹吸排泥机的检修周期与内容、检修与质量标准、试车与验收、维护与故障处理。

1.2 适用范围

本规程适用于给排水装置沉淀池往复式虹吸排泥机。各单位在具体检修时，应根据本规程结合实际情况编制相应检修方案。

2 规范性引用文件

下列文件对于本文件的应用是必不可少的。凡是注日期的引用文件，仅所注日期的版本适用于本文件。凡是不注日期的引用文件，其最新版本（包括所有的修改单）适用于本文件。

HJ/T 266 环境保护产品技术要求 吸泥机

3 检修周期与内容

3.1 检修周期

根据对往复式虹吸排泥机功能故障及其影响分析结果、有无备用设备以及生产装置运行周期，确定检修周期，一般为5～8年。

3.2 检修内容

3.2.1 解体检查减速机，检查各转动件磨损情况。
3.2.2 检查行走机构，检查滚轮、轴、轴承等磨损情况。
3.2.3 检查真空虹吸系统，检查虹吸管线、潜水泵堵塞、损坏情况。
3.2.4 检查刮泥、吸泥机构。
3.2.5 轨道检查、维修。
3.2.6 桁车架检查、维修。

4 检修程序与质量标准

4.1 拆卸前准备

4.1.1 各项准备工作应符合安全、环保、质量等方面的要求，应对检修过程进行危害识别及风险评估、环境因素识别和影响评价。

4.1.2 根据设备运行状况，分析故障原因和部位，依据本规程制定详尽的检修技术方案；组织相关人员现场交底，并制定检修施工方案；检修人员应熟悉设备图纸、技术资料与检修方案。

4.1.3 检查落实物资准备（包括材料、备品、安全工具、施工机具等）和检修施工场地准备。

4.1.4 检查安全措施准备，放置好安全警示牌、安全警示绳，检修时必须对现场孔洞、楼梯口、吊装口设围栏或盖板，做好夜间照明及防盗等工作。

4.1.5 落实好安全环保措施，按规定断水、断电、物料倒空，具备检修条件，办理好检修作业票后，方可施工。

4.2 拆卸与检测

4.2.1 拆卸减速机

4.2.1.1 拆检减速机，减速机检修见 SHS 01028《变速机维护检修规程》。

4.2.2 拆卸、检查行走机构

4.2.2.1 检查滚轮是否有裂纹、磨损情况，磨损量小于 0.005D，轮缘磨损小于原厚度 30%。

4.2.2.2 拆卸、检查轴承座表面有无裂纹、磨损。

4.2.2.3 拆卸、检查主动轴、从动轴有无磨损、腐蚀、拉痕等缺陷。

4.2.3 拆卸、检查真空虹吸系统。

4.2.3.1 检查管线活接头、法兰密封是否完好。

4.2.3.2 检查虹吸管有无腐蚀、损坏、缺陷等。

4.2.3.3 检查虹吸管内有无积泥、杂物。

4.2.3.4 检查虹吸管水平度，全长水平度误差不超过 2mm。

4.2.3.5 检查水射器内有无积泥、杂物。

4.2.3.6 检查潜水泵绝缘情况，潜水泵检修见 SHS 01013《离心泵维护检修规程》。

4.2.4 拆卸、检查刮泥、吸泥机构

4.2.4.1 检查刮泥板是否损坏。

4.2.4.2　检查吸头是否堵塞、损坏。

4.2.4.3　检查回定钢结构有无腐蚀、损坏。

4.2.5　轨道检查

4.2.5.1　检查轨道与池体连接部位腐蚀情况，是否脱焊。

4.2.5.2　检查轨道腐蚀、弯曲、变形等情况。

4.2.6　桁车架检查、维修

4.2.6.1　检查桁架有无脱焊、变形等现象。

4.2.6.2　检查桁架腐蚀情况。

4.3　回装与质量标准

4.3.1　真空虹吸系统回装

4.3.1.1　回装潜水泵，检查潜水泵绝缘情况，潜水泵检修见 SHS 01013《离心泵维护检修规程》。

4.3.1.2　回装虹吸管及水射器。

4.3.1.3　更换虹吸管各连接法兰密封垫，并校正虹吸管线。

4.3.1.4　虹吸管全长水平度误差不大于 2mm。

4.3.2　回装刮泥、吸泥机构

4.3.2.1　清理疏通、安装吸头。吸泥口到池底的距离为 30～50mm。

4.3.2.2　刮泥板与池底距离不大于 50mm。

4.3.3　回装行走机构

4.3.3.1　滚轮与轴配合采用 H7/k6。

4.3.3.2　轴承与轮轴配合采用 H7/m6。

4.3.3.3　轴承应采用热装方法进行安装。

4.3.3.4　轴承座表面无裂纹、无磨损，否则更换。

4.3.3.5　滚轮磨损量小于 0.005D，轮缘磨损小于原厚度 30%。

4.3.3.6　两轴承座支承平面应在同一水平面上，其相对误差不超过 0.5mm。

4.3.3.7　排泥机行走系统组装偏差应符合表 1 的规定。

表 1　排泥机行走系统组装偏差

检查项目		偏差值 /mm	示图
车轮跨度 S	$S \leq 10$m	±2	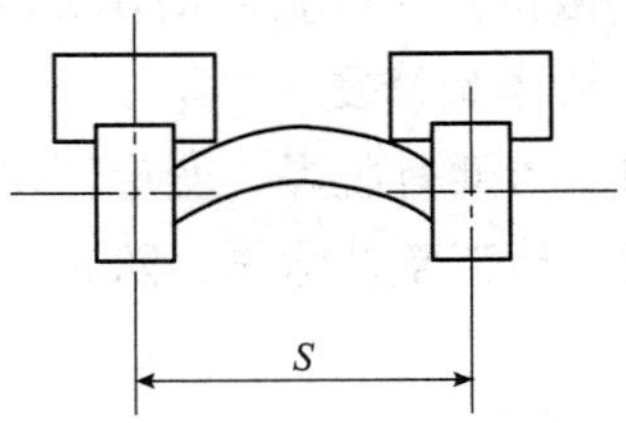
	$S > 10$m	±［2+0.1（S-10）］	
主梁上拱度 F		0.3F	

表 1　排泥机行走系统组装偏差（续）

检查项目		偏差值 /mm	示图
车轮对角线差 $\lvert L_1-L_2 \rvert$	$W<3$m	5	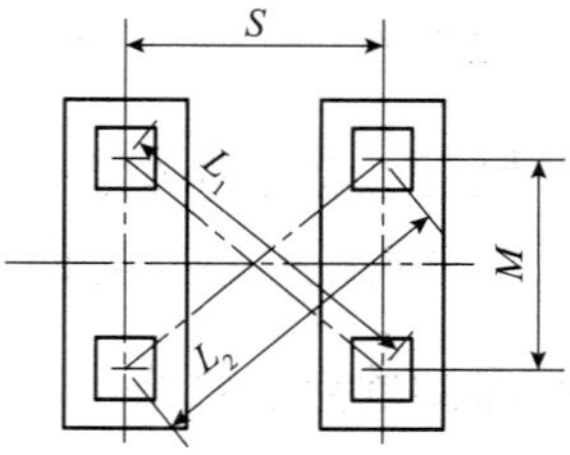
	$W \geqslant 3$m	6	

注：（1）车轮距两侧都应测量；

（2）主梁上拱度最大值应处在主梁跨度中部 $S/10$ 范围内，主梁上拱度。

$$F=S/1000L$$

4.3.4　回装减速机

减速机检修参照 SHS 01028《变速机维护检修规程》。

4.3.5　轨道修理

4.3.5.1　每根钢轨直线度不超过 0.5mm/m，全长误差不超过 2mm。

4.3.5.2　轨距偏差：

$S \leqslant 10$m 时，$\Delta S=\pm 3$mm；

$S>10$m 时，$\Delta S=\pm[3+0.25(S-10)]$。

式中　ΔS——排泥机轨道跨度的允许偏差，mm；

S——排泥机轨道跨度，m。

4.3.5.3　轨道纵向水平度每 1.5m 不应超过 1mm。

4.3.5.4　钢轨应在固定点处测量，在全行程上最高点与最低点之差不应大于 5mm。

4.3.5.5　同跨两平行轨道的标高相对差应不大于 3mm。

4.3.5.6　两平行轨道的接头位置应错开，其错开距离应超过前后车轮的距离并不小于 1000mm。

4.3.5.7　轨道接头应符合下列要求：

a）接头用鱼尾板等连接板连接时，接头左、右、上三面偏移均不大于 1mm，接头间隙应为 3.5mm±0.5mm。

b）接头用对焊时，焊条和焊缝应符合钢轨的材质和焊接质量的要求，焊缝应平整、光滑。

4.3.6　限位开关检查，动作灵敏。

4.3.7　桁车架修复

4.3.7.1　桁架有脱焊、变形等现象时，应进行补焊、加强及整形。

4.3.7.2　桁架整体除锈、防腐。

5 试车与验收

5.1 试车前准备

5.1.1 检查检修记录，确认检修数据正确。
5.1.2 编制试车方案，方案并经生产装置审核合格。
5.1.3 检查减速机润滑油位及油质应符合要求。
5.1.4 检查机体、零部件完整无缺，各部位螺栓紧固无松动。
5.1.5 检查电气元件接线是否完好。
5.1.6 接通电源。

5.2 空负荷试车

5.2.1 空负荷试车一般不低于 2h。
5.2.2 检查电机和减速机的运转情况，应运转平稳无异常声音。
5.2.3 减速机温度不得超过 70℃。
5.2.4 滚轮运行正常，无异常声响。

5.3 负荷试车

5.3.1 电机和减速机的运行状态良好，各部位的振幅值应符合 SHS 01003《石油化工旋转机械振动标准》。
5.3.2 减速机油温不超过 70℃，电流不超过规定值。
5.3.3 滚轮运行正常，无跑偏、啃轨现象。
5.3.4 虹吸形成后，在一个循环内虹吸不自破。
5.3.5 撞铁能正常触碰到行程开关，且运行正常。
5.3.6 轨道无变形。

5.4 验收

5.4.1 连续运转 24h 后，各项技术指标均达到设计要求，或能满足生产的需要。
5.4.2 设备达到完好标准。
5.4.3 检修记录齐全、准确，按规定办理验收手续。

6 维护与故障处理

6.1 维护内容

6.1.1 检查各部温度、振动和密封，如发现超过规定应停车处理。
6.1.2 检查减速机油位，定期换油，用油符合规定。

6.1.3 检查机器振动，如发现异常应及时处理。
6.1.4 检查行车轮有否啃轨现象。
6.1.5 检查并紧固各部位连接螺栓。
6.1.6 检查虹吸排泥管是否堵塞，虹吸是否被破坏，及时处理。
6.1.7 根据浊度的变化，及时调整排泥机的运行时间。
6.1.8 阀门应开关灵活。

6.2 常见功能故障与处理方法

沉淀池往复式虹吸排泥机常见功能故障及处理方法见表 2。

表 2 往复式虹吸排泥机常见功能故障及处理方法

序号	功能	功能故障	故障模式	故障后果	故障应对策略与检修内容	检修周期 / 月
1	定时排泥	排泥不畅	虹吸管堵塞	沉淀池水中悬浮物增加，浊度超标	定期巡检，虹吸管清堵	视情况定
			虹吸管接头漏气	沉淀池水中悬浮物增加，浊度超标	定期巡检，虹吸管消漏	视情况定
			虹吸管阀门损坏或泄漏	沉淀池水中悬浮物增加，浊度超标	定期巡检，虹吸管阀门更换	视情况定
			池底积泥过多	沉淀池水中悬浮物增加，浊度超标	冲洗沉淀池	视情况定
		不能定时排泥	PLC 故障	沉淀池水中悬浮物增加，浊度超标	定期巡检；PLC 控制器检修或更换	视情况定
2	停止排泥	不能停止排泥	电磁阀不动作	排泥时间过长，造成自用水率过高	更换电磁阀	视情况定
			虹吸管堵塞	排泥时间过长，造成自用水率过高	定期巡检；虹吸管清堵	视情况定
3	保证机组周期运转	机组跑偏，啃轨	两侧减速机运行不同步	机组停运，出水浊度超标	采用同型号减速机	视情况定
			两侧电机运行不同步	机组停运，出水浊度超标	采用同型号电机或重新检修电机	视情况定
			行程开关损坏	机组停运，出水浊度超标	更换行程开关	视情况定
			行程开关触不到碰铁	机组停运，出水浊度超标	调整行程开关或碰铁位置	视情况定
			沉淀池积泥太多	机组停运，出水浊度超标	沉淀池淤泥清理	视情况定

表 2　往复式虹吸排泥机常见功能故障及处理方法（续）

序号	功能	功能故障	故障模式	故障后果	故障应对策略与检修内容	检修周期／月
3	保证机组周期运转	机组跑偏，啃轨	沉淀池内有大件异物	机组停运，出水浊度超标	沉淀池清理	视情况定
			轨道不直	机组停运，出水浊度超标	重新调整轨道直线度	视情况定
		滚轮故障	滚轮轴承损坏	滚轮运转有噪声，振动大，甚至不能运转	加注润滑脂	1
					根据检修周期更换更换滚动轴承	24～36
			轴承座螺栓松动	滚轮运转有噪声，振动大，甚至不能运转	螺栓重新紧固	视情况定
			联轴器螺栓松动或不对中	滚轮运转有噪声，振动大，甚至不能运转	联轴器螺栓重新紧固或重新找正	视情况定
			滚轮磨损	滚轮运转有噪声，振动大，甚至不能运转	更换滚轮	视情况定
		减速机故障	滚子或齿轮磨损	减速机振动大	更换配件	36～48
			轴承磨损	减速机振动大	更换轴承	36～48
			润滑油不足	减速机温度过高	加润滑油	视情况定
			超负荷	减速机温度过高	查找超负荷原因并处理	视情况定
			振动大引起	减速机温度过高	按振动大处理方法	视情况定

附 录 A
（资料性附录）
沉淀池往复式虹吸排泥机检修质量控制确认表

项目	主要控制内容			等级	施工单位	生产装置	设备管理部门
	标准值	部位	现场记录				
拆卸中检测							
虹吸管水平度	≤ 2mm			B	★	★	
滚轮与轴配合	H7/k6			B	★	★	
轴承与轮轴配合	H7/m6			B	★	★	
轮缘磨损量	≤原厚度的30%			C	★		
主动轮外圆磨损量	≤ 0.005D			C	★		
轨道水平度	≤ 5mm			B	★	★	
轨道直线度	≤ 2mm			B	★	★	
回装时检测							
轮轴表面光洁度	R_a1.6			B	★	★	
轮轴径向圆跳动	≤ 0.02mm			B	★	★	
滚轮与轴的配合	H7/k6			B	★	★	
轴承内圈与轮轴配合	H7/m6			B	★	★	
轴承外圈与轴承箱内孔配合	Js7/h6			B	★	★	
两轴承座支承平面应在同一水平上，其相对误差不超过 0.5mm	≤ 0.5mm			B	★	★	
钢轨全长水平度	≤ 5mm			B	★	★	
钢轨全长直线度	≤ 2mm			B	★	★	
两钢轨标高误差	≤ 3mm			B	★	★	
两轨道平行度	≤ 5mm			B	★	★	
虹吸管水平度	≤ 2mm			B	★	★	
虹吸管吸泥口到池底的距离	30～50mm			B	★	★	

注： A 级：施工单位、生产装置、设备管理部门专业人员检查确认后签字。
B 级：施工单位和生产装置专业人员检查确认后签字。
C 级：施工单位专业人员检查确认后签字。
另：如果有监理，监理的职责由甲方授权。

附　录　B

（资料性附录）

沉淀池往复式虹吸排泥机试车与验收数据记录表

序号	检修部位名称	质量标准	检查情况	控制级别	确认人
1	减速机	运行平稳，无杂音。润滑油位在油窗 1/2～2/3 处。振动温度均符合要求。振动≤ 4.5mm/s，温度≤ 70℃		B	
2	滚轮轴承	润滑良好，运转正常，无杂音。振动温度均符合要求。振动≤ 4.5mm/s，温度≤ 70℃		B	
3	行程开关	运行时能正常碰到行程开关，致使排泥机往返运行		B	
4	轨道	轨道平直，水平度、直线度均在误差允许范围内。轨道无杂物		C	
5	虹吸系统	虹吸形成后，在一个循环内虹吸不自破		B	

备注：1. 双方签字验收后交付生产使用。

2. 大修后 15 个工作日内，将试车记录及验收表扫描录入设备管理系统。

带式压滤机维护检修规程

SHS 09015—2019

代替 SHS 09015—2004

目 次

前　　言

本规程按照GB/T 1.1—2009《标准化工作导则　第1部分：标准的结构和编写》给出的规则起草。

本规程代替SHS 09015—2004《带式压滤机维护检修规程》，与SHS 09015—2004相比，除了编辑性修改外，主要技术变化如下：

——增加了前言，用范围代替了总则，增加了规范性引用文件、维护与故障处理；

——对检修内容进行了修改，不再分小修和大修；

——增加了拆卸与安装过程中步骤的具体描述、注意事项和技术要求；

——结合最新设备型号，修改了纠偏系统部分检修内容；

——在维护与故障处理章节中，采用了RCM的分析方法根据实际重新进行了编写。

本规程由中国石油化工集团有限公司、中国石油化工股份有限公司提出。

本规程起草单位：中国石化扬子石油化工有限公司。

本规程主要起草人：文建强、郭浩杰。

本规程所代替规程的历次版本发布情况为：

——SHS 09015—1992、SHS 09015—2004。

带式压滤机维护检修规程

1 范围

1.1 主题内容

本规程规定了污水处理装置带式压滤机的检修周期与内容、检修程序与质量标准、试车与验收、维护与故障处理。

1.2 适用范围

本规程适用于污水处理装置中带式压滤机的维护与检修。

2 规范性引用文件

下列文件对于本文件的应用是必不可少的。凡是注日期的引用文件，仅所注日期的版本适用于本文件。凡是不注日期的引用文件，其最新版本（包括所有的修改单）适用于本文件。

CJ/T 508 污泥脱水用带式压滤机

JB/T 9040 带式压滤机

3 检修周期与内容

3.1 检修周期

根据对带式压滤机功能故障及其影响分析结果、有无备用设备以及生产装置运行周期，确定检修周期，一般为5～8年。

3.2 检修内容

3.2.1 解体检查减速机，检查各部件磨损情况。

3.2.2 解体检查泥药混合器。

3.2.3 检查上下刮泥板，有无松动、磨损、缺口、变形等。

3.2.4 检查各轴辊及轴承磨损情况。

3.2.5 检查气路系统及各元件有无泄漏、损坏。

3.2.6 检查张紧气缸、纠偏气缸及密封件磨损情况。
3.2.7 检查冲洗水管喷嘴有无腐蚀、堵塞。
3.2.8 检查上、下滤带有无堵塞、破损。

4 检修程序与质量标准

4.1 拆卸前准备

4.1.1 各项准备工作应符合安全、环保、质量等方面的要求，应对检修过程进行危害识别及风险评估、环境因素识别和影响评价。
4.1.2 根据设备运行状况，分析故障原因和部位，依据本规程制定详尽的检修技术方案；组织相关人员现场交底，并制定检修施工方案；检修人员应熟悉设备图纸、技术资料与检修方案。
4.1.3 检查落实物资准备（包括材料、备品、安全工具、施工机具等）和检修施工场地准备。
4.1.4 检查安全措施准备，放置好安全警示牌、安全警示绳，检修时必须对现场孔洞、楼梯口、吊装口设围栏或盖板，做好夜间照明及防盗等工作。
4.1.5 落实好安全环保措施，按规定断水、断电、断气、物料倒空，具备检修条件，办理好检修作业票后，方可施工。

4.2 拆卸与检测

4.2.1 拆卸主减速机

主减速机检修见 SHS 01028《变速机维护检修规程》。

4.2.2 刮泥系统拆检

4.2.2.1 拆卸、检查上下刮泥板有无松动、磨损、缺口并修理。
4.2.2.2 检查刮泥板轴线与轴辊平行度，允许误差不大于 0.2mm。
4.2.2.3 检查刮泥板与滤带贴合间隙，一般应不大于 0.3mm。
4.2.2.4 检查刮泥板直线度，允许误差不大于 0.2mm。

4.2.3 供泥系统拆检

4.2.3.1 检查、清理泥药混合器内杂物，必要时进行防腐处理。
4.2.3.2 拆卸搅拌机，检查修理主轴及搅拌叶片，主轴直线度不大于 0.05mm。
4.2.3.3 拆卸搅拌机减速机，搅拌机减速机检修见 SHS 01028《变速机维护检修规程》。

4.2.4 拆卸检查滤带

4.2.4.1 拆卸、检查滤带有无堵塞，破损。
4.2.4.2 检查滤带有无条状斑点。
4.2.4.3 检查滤带有无磨损、变形或边缘撕裂等。
4.2.4.4 检查滤带接头有无开裂、磨损。

4.2.5 拆卸和检测各轴辊

4.2.5.1 拆卸、检查各轴辊轴承并检查轴承磨损情况。
4.2.5.2 检查各轴辊轴颈表面无腐蚀、磨损、拉痕等缺陷，径向圆跳动量公差值不大于0.02mm。
4.2.5.3 检查各轴辊水平度，水平度应小于或等于0.05mm，测量调整各辊轴间距离。
4.2.5.4 拆卸、检查各轴辊弯曲情况，直线度公差不大于0.02mm。
4.2.5.5 检查各轴辊两端轴颈的同轴度，同轴度公差不大于0.02mm。
4.2.5.6 对大轴辊作静平衡试验。

4.2.6 气动系统

4.2.6.1 拆卸、检查气路接头有无损坏、泄漏。
4.2.6.2 拆卸、检查气缸、活塞有无泄漏，更换密封圈。
4.2.6.3 拆卸、检查气源三联件减压阀等，根据情况清理或更换。

4.2.7 冲洗系统拆检

4.2.7.1 检查冲洗水管线及各阀门。
4.2.7.2 拆卸、检查、清理冲洗水管及各喷嘴。
4.2.7.3 拆卸、检查冲洗水管与滤带距离。

4.3 回装与质量标准

4.3.1 回装轴辊及滤带

4.3.1.1 各轴辊轴颈表面无腐蚀、磨损、拉痕等缺陷，径向圆跳动量公差值不大于0.02mm。
4.3.1.2 装配前测量各轴辊的直线度，直线度公差不大于0.02mm。
4.3.1.3 测量各轴辊两端轴颈的同轴度，同轴度公差不大于0.02mm。
4.3.1.4 装配前大轴辊应作静平衡试验。
4.3.1.5 回装各轴辊。各轴线之水平度应小于或等于0.05mm，各辊轴线间之平行度应小于或等于0.20mm（被测轴线长度为辊子两端轴承内侧的距离）。
4.3.1.6 主动辊、挤滤辊、转向辊、大轴辊轴承外圈与轴承座的配合为Js7/h6，轴承内圈与轴的配合为 H7/k6 或 H7/m6。

4.3.1.7 托带辊、滤带校正辊轴承外圈与轴承座配合为 Js7/h6，轴承内圈与轴的配合为 H7/js6。

4.3.1.8 各轴辊组装后必须转动灵活，不得有卡滞现象。

4.3.1.9 回装滤带。控泥辊的泥耙与滤带的距离调整为（3±0.5）mm。

4.3.1.10 上滤带靠近泥耙处的换向辊下表面到托带辊上表面的距离调整到（25±0.5）mm。

4.3.2 回装主减速机

主减速机安装参见 SHS 01028《变速机维护检修规程》。

4.3.3 回装供泥系统

4.3.3.1 回装泥药混合器。装配时要保证搅拌轴及混合罐与地面垂直，允许误差不大于 0.2mm。

4.3.3.2 回装搅拌机减速机。搅拌机减速机安装参见 SHS 01028《变速机维护检修规程》。

4.3.4 回装刮泥系统

4.3.4.1 回装下刮泥板。下刮泥板轴线与转向辊平行，允许误差不大于 0.2mm。

4.3.4.2 检查刮泥板与滤带贴合间隙，一般应不大于 0.3mm。刮泥板紧贴力可通过拉紧弹簧调整。

4.3.4.3 刮泥板直线度，允许误差不大于 0.2mm。

4.3.4.4 回装上刮泥板。上刮泥板轴线与上气动张紧辊平行，允许误差不大于 0.2mm。

4.3.4.5 刮泥板工作边缘与滤带完全接触。

4.3.4.6 刮泥板应与滤带贴合在滚筒切线方向。

4.3.5 回装气动系统

4.3.5.1 装配前应将各气缸、气源处理三联件、减压阀、压力继电器、七通等内部的杂物、铁屑、油污清理干净。

4.3.5.2 通气前应将各减压阀的调压手轮逆时针转动，使定值弹簧卸荷。然后接通气源再顺时针转动手轮使各压力表指标至所需的压力。

4.3.5.3 检查感应臂的感应距离是否合理（通过调节机械阀支架在腰形孔内的位置可以将感应距离调整到距离辊筒边缘 15mm 的合理位置）。

4.3.5.4 用手拨动上下滤带的左右纠偏装置感应臂，观察纠偏辊能否正确工作和复位，如果不能复位就应增加复位气压或适当减少工作气压；不能工作就应增加工作气压或适当减小复位气压，复位气压在满足要求的情况下尽量低一些。复位压力随滤带张力的增加而增加，在张紧气缸气压调定后再进行纠偏气缸气压的调整。

4.3.5.5 检查滤带跑偏极限开关功能是否完好，滤带正常位置时被感应，感应灯亮，滤带超出设定极限位置时，停止感应，灯灭，报警。可以将极限报警开关感应杆远离滤带，当感应杆超出辊筒边缘时看能否关闭设备并报警。

4.3.5.6 各减压阀压力值见表 1。

表 1 减压阀压力值

阀名称	压力值 /MPa	备注
气体处理三联件减压阀	0.6	出口表压
张紧气缸减压阀	0.3	
纠偏气缸减压阀	0.3～0.4	
纠偏气缸复位减压阀	0.1～0.15	

注：不同机型设备的气缸压力可参照厂家随机资料。

采用新滤带时，张紧气缸压力值应设置在 0.2MPa；运行 2h 后逐步增加到正常值。

4.3.5.7 各气缸工作面应无拉伤、沟痕等。

4.3.5.8 活塞密封件 O 形密封圈的尺寸应符合标准，应比被密封表面的内径或外径分别大或小 0.15～0.3mm。

4.3.5.9 通气后应对整个系统做检查，不得有泄漏。各气缸活塞杆应能伸缩自如，不得有卡滞现象。

4.3.6 回装冲洗系统

4.3.6.1 冲水盘和滤带相互垂直，且和滤带相距 20mm±0.5mm。

4.3.6.2 喷嘴的凸面朝向冲洗管里面，喷嘴孔长轴与冲洗管轴线垂直并向右或向左偏转 5°，而且所有喷嘴偏转方向一致。安装时注意，不要将喷嘴孔的边缘损伤，以免影响冲洗水喷出的形状和角度。

5 试车与验收

5.1 试车前准备

5.1.1 检查检修记录，确认检修数据正确。

5.1.2 编制试车方案，方案并经生产装置审核。

5.1.3 检查减速机油位及其他润滑部位。

5.1.4 检查电气元件接线完好，电源接通。

5.1.5 对污泥泵、药液计量泵、二次加水流量计、搅拌罐、空气压缩机、水泵等配套设备进行检查，并按各自的使用说明书进行润滑，使各设备处于准备启动状态。

5.1.6 检查污泥、药液、冲水管路中的阀门，应开关灵活，无泄漏现象，然后将所有阀门关闭。
5.1.7 将气路系统中所有减压阀调压手轮逆时针旋转，使定值弹簧卸荷。减压阀关闭。
5.1.8 检查各连接螺栓紧固良好。
5.1.9 点动电机，检查电机转向是否正确。

5.2 试车

5.2.1 空负荷试车

5.2.1.1 空负荷试车不少于30min。
5.2.1.2 检查电机和减速机的运转情况，应运转平稳无异常声音。
5.2.1.3 检查各轴辊及轴承运转情况，应运转平稳无异常声音。
5.2.1.4 检查纠偏装置感应臂位置，感应臂与滤带边缘距离应大致相等。
5.2.1.5 检查纠偏系统运行情况。纠偏气缸压力在规定范围之内。
5.2.1.6 用手拨动上下滤带左右纠偏装置感应臂，观察纠偏气缸是否能正常工作与复位。
5.2.1.7 检查张紧系统运行情况。张紧气缸压力在规定范围之内。
5.2.1.8 检查各气路，应无泄漏。
5.2.1.9 检查冲洗系统。冲洗水压力符合规定，各喷嘴无堵塞。
5.2.1.10 检查滤带极限位置行程开关灵敏度。

5.2.2 负荷试车

5.2.2.1 电机和减速机的运行状态良好，各部位的振动值应符合SHS 01003《石油化工旋转机械振动标准》。
5.2.2.2 各轴辊及轴承运转正常，各轴承部位温度不高于70℃。
5.2.2.3 纠偏系统运行正常。
5.2.2.4 张紧系统运行正常。
5.2.2.5 各气路无泄漏。
5.2.2.6 冲洗系统运行正常，滤带冲洗效果良好。
5.2.2.7 泥饼厚度在规定范围之内。含水率符合要求。

5.3 验收

5.3.1 连续运转24h后，各项技术指标均达到设计要求。
5.3.2 设备达到完好标准。
5.3.3 检修记录齐全、准确，按规定办理验收手续。

6 维护与故障处理

6.1 日常维护

6.1.1 带式压滤机在每日停止运转前，应在关闭进泥阀后，空负荷运行 30min，用清洗系统的压力水将机器上和滤带上的污泥冲洗干净，再停机。

6.1.2 空气压缩机的储气罐要定期排水。

6.1.3 每天检查各轴辊轴承润滑状况。

6.1.4 每天检查减速机构运行情况。每日检查减速箱油位、油质，减速机一般半年换油一次。

6.1.5 每天检查各滚动轴承及纠偏气缸滑动部位的润滑情况。

6.1.6 每天检查气路系统接头、减压阀、气缸有无泄漏，以及纠偏系统能否正常工作。

6.1.7 每天检查上下刮泥板，发现损坏，应立即修理或更换。

6.1.8 每天检查滤带冲洗箱周围的橡胶密封，发现损坏应修理或更换。

6.2 常见功能故障及处理方法

带式压滤机常见功能故障及处理方法见表 2。

表 2 带式压滤机常见功能故障与处理方法

序号	功能	功能故障	故障模式	故障后果	故障应对策略与检修内容	检修周期 / 月
1	设备脱泥含水率≤ 80%	设备脱水效果差	滤带孔堵塞	负荷下降；产品质量不合格	定期巡检；更换滤带	视情况定
			过滤器堵塞	负荷下降；产品质量不合格	定期巡检；过滤器清堵	视情况定
			冲洗水压低	负荷下降；产品质量不合格	定期巡检；增加冲洗水压力	视情况定
			冲洗喷嘴堵塞	负荷下降；产品质量不合格	定期巡检；喷嘴清堵或更换	视情况定
2	保证设备正常启动	主机不能启动	气压不足，压力继电器不能工作	无法脱泥，造成装置出水水质下降	调整气源处理三元件减压阀，使出口表压不低于 0.6MPa	视情况定
			水压不足，压力继电器不能工作	无法脱泥，造成装置出水水质下降	调整水压，冲洗水压不能低于 0.4MPa	视情况定
			紧急按钮未复位	无法脱泥，造成装置出水水质下降	确认紧急按钮已复位	视情况定

表 2　带式压滤机常见功能故障与处理方法（续）

序号	功能	功能故障	故障模式	故障后果	故障应对策略与检修内容	检修周期／月
3	保证机组连续运转	滤带跑偏	减压阀调整不当	无法纠偏，导致机组停机	调整纠偏气缸减压阀，调整纠偏气缸复位减压阀	视情况定
			气动元件和气管漏气	无法纠偏，导致机组停机	定期巡检，检查更换元器件和气管	视情况定
			纠偏机械阀损坏	无法纠偏，导致机组停机	定期巡检，更换纠偏机械阀	视情况定
			纠偏系统线路或元件故障	无法纠偏，导致机组停机	定期巡检，检查更换元器件，维修电气线路	视情况定
			纠偏传感器位置调整不当	无法纠偏，导致机组停机	定期巡检，重新调整纠偏传感器位置	视情况定
			滤带过松	无法纠偏，导致机组停机	提高张紧压力	视情况定
			张紧辊偏斜	无法纠偏，导致机组停机	压滤段轴辊平行度检查，张紧气缸检查	视情况定
		轴辊故障	轴辊轴承损坏	轴辊运转有噪声，振动大，甚至不能运转	加注润滑脂	1
					根据检修周期更换滚动轴承	24～36
			轴颈断裂	机组不能运转	重新安装，增加轴颈强度	视情况定
		减速机故障	齿轮磨损	减速机振动大	更换齿轮	36～48
			轴承磨损	减速机振动大	更换轴承	36～48
			润滑油不足	减速机温度过高	加润滑油	视情况定
			振动大	减速机温度过高	按振动大处理方法	视情况定
4	污泥处理量可调	机组无法调速	摩擦盘损坏（适用于无级变速减速机）	污泥脱水效果差	更换摩擦盘	视情况定
			变频器损坏（适用于调速电机）	污泥脱水效果差	检查变频器	视情况定

附　录　A
（资料性附录）
带式压滤机检修质量控制确认表

项目	主要控制内容			等级	施工单位	生产装置	设备管理部门
	标准值	部位	现场记录				
拆卸中检测							
刮泥板与滤带贴合间隙	≤0.3mm			B	★	★	
刮泥板轴线与轴辊平行度	≤0.2mm			C	★		
刮泥板直线度	≤0.2mm			B	★	★	
主动辊、挤滤辊、转向辊、大轴辊轴承外圈与轴承座的配合	Js7/h6			B	★	★	
轴承内圈与轴的配合	H7/k6 或 H7/m6			B	★	★	
托带辊、滤带校正辊轴承外圈与轴承座配合	Js7/h6			B	★	★	
轴承内圈与轴的配合	H7/js6			B	★	★	
各轴辊水平度	≤0.05mm			B	★	★	
各轴辊直线度	≤0.02mm			B	★	★	
各轴辊两端轴颈同轴度	≤0.02mm			B	★	★	
回装时检测							
各轴辊直线度	≤0.02mm			B	★	★	
各轴辊水平度	≤0.05mm			B	★	★	
各轴辊轴颈径向圆跳动量	≤0.02mm			B	★	★	
各轴辊两端轴颈同轴度	≤0.02mm			B	★	★	
主动辊、挤滤辊、转向辊、大轴辊轴承外圈与轴承座的配合	Js7/h6			B	★	★	
轴承内圈与轴的配合	H7/k6 或 H7/m6			B	★	★	
托带辊、滤带校正辊轴承外圈与轴承座配合	Js7/h6			B	★	★	
轴承内圈与轴的配合	H7/js6			B	★	★	
控泥辊的泥耙与滤带的距离	（3±0.5）mm			C	★		
上滤带靠近泥耙处的换向辊下表面到托带辊上表面的距离调整	（25±0.5）mm			C	★		

带式压滤机检修质量确认表（续）

项目	主要控制内容			等级	施工单位	生产装置	设备管理部门
	标准值	部位	现场记录				
搅拌轴及混合罐与地面垂直度	≤0.2mm			B	★	★	
刮泥板直线度	≤0.2mm			B	★	★	
刮泥板与滤带贴合间隙	≤0.3mm			B	★	★	
刮泥板轴线与轴辊平行度	≤0.2mm			B	★	★	
张紧气缸压力	0.3MPa			B	★	★	
纠偏气缸压力	0.3～0.4MPa			B	★	★	
纠偏复位气缸压力	0.1～0.15MPa			B	★	★	

注： A级：施工单位、生产装置、设备管理部门专业人员检查确认后签字。
B级：施工单位和生产装置专业人员检查确认后签字。
C级：施工单位专业人员检查确认后签字。
另：如果有监理，监理的职责由甲方授权。

附　录 B
（资料性附录）
带式压滤机试车与验收数据记录表

序号	检修部位名称	质量标准	检查情况	控制级别	确认人
1	减速机	运行平稳，无杂音。润滑油位在油窗1/2～2/3处。振动、温度均符合要求。振动≤4.5mm/s，温度≤70℃		B	
2	各轴辊轴承	润滑良好，运转正常，无杂音。振动、温度均符合要求。振动≤4.5mm/s，温度≤70℃		B	
3	滤带纠偏系统	滤带纠偏系统运行正常。纠偏气缸压力在规定范围。气缸动作自如，气路无泄漏		B	
4	滤带张紧系统	滤带纠偏系统运行正常。张紧气缸压力在规定范围		B	
5	刮泥板	刮泥板工作边缘与滤带完全接触。且贴合间隙小于0.3mm		B	
6	冲洗系统	冲洗水压不低于0.4MPa。喷嘴无堵塞，滤带冲洗效果良好		B	

备注： 1. 双方签字验收后交付生产使用。

2. 大修后15个工作日内，将试车记录及验收表扫描录入设备管理系统。

XZG 型悬挂式中心传动刮泥机维护检修规程

SHS 09017—2019

代替 SHS 09017—2004

目　次

前　言

本规程按照 GB/T 1.1—2009《标准化工作导则　第 1 部分：标准的结构和编写》给出的规则起草。

本规程代替 SHS 09017—2004《XZG 型悬挂式中心传动刮泥机维护检修规程》，与 SHS 09017—2004 相比，除编辑性修改外，主要技术变化如下：

——增加了前言，用范围代替了总则，增加了规范性引用文件、维护与故障处理；

——对检修内容进行了修改，不再分小修和大修。

本规程由中国石油化工集团有限公司、中国石油化工股份有限公司提出。

本规程起草单位：中国石油化工股份有限公司金陵分公司。

本规程主要起草人：任伯明。

本规程所代替规程的历次版本发布情况为：

——SHS 09017—2004。

XZG 型悬挂式中心传动刮泥机维护检修规程

1 范围

1.1 主题内容

本规程规定了悬挂式中心刮泥机的检修周期与内容、检修与质量标准、日常维护及常见故障处理。各单位在具体检修时，应根据本规程结合实际情况编制相应检修方案。

1.2 使用范围

本规程适用于原水、污水处理悬挂式中心刮泥机的维护与检修。

2 规范性引用文件

下列文件对本文件的应用是不可少的。凡是注日期的引用文件，仅注日期的版本适用于本文件。凡是不注日期的引用文件，其最新版本（包括所有的修改单）适用于本文件。

HJ 265 环境保护产品技术要求 刮泥机

3 检修周期与内容

3.1 检修周期

悬挂式中心刮泥机检修周期一般为 2～3 年，在实际运行中应根据刮泥机运行情况来确定临时检修。

3.2 检修内容

3.2.1 蜗杆减速器、摆线针轮减速器大修，参见 SHS 01028《变速机维护检修规程》。

3.2.2 更换刮板。

3.2.3 刮泥传动轴做防腐，必要时检修或更换。

3.2.4 紧固轴承座，轴承加润滑脂或更换轴承、轴承座。

3.2.5 调整刮臂与池底、出水堰间隙。

3.2.6 刮臂加固，防腐处理。

4 检修程序与质量标准

4.1 检修前准备

4.1.1 设备停电。
4.1.2 停运沉淀池，清理沉淀池。
4.1.3 置换沉淀池内空气，气体检测合格后，开具各种合格的作业票后方可作业。
4.1.4 沉淀池切断与外界的联系。
4.1.5 沉淀池内搭设脚手架和检修通道。
4.1.6 提前准备好检修材料。
4.1.7 编制检修施工方案和安全技术方案。

4.2 检修与质量标准

4.2.1 刮臂

4.2.1.1 检查刮臂有脱焊、变形、腐蚀等现象，严重变形时需拆下进行重新焊接或更换，要保持刮臂架与地面垂直，不偏心，不变形。
4.2.1.2 调整刮臂，旋转调节螺母，保证刮臂与池底平行，刮泥板与池底间距不大于5mm（最高处），严重变形时需拆下进行重新焊接或更换。
4.2.1.3 检查刮臂整体防腐情况，对刮臂需加强防腐，环氧树脂两底三面。
4.2.1.4 刮板破损、老化时需更换，确保刮板完好。

4.2.2 传动轴

4.2.2.1 传动轴表面损坏、裂纹、弯曲等缺陷时需拆除检修，进行调整或补焊，确保传动轴垂直，总垂直度不大于2mm，确保表面无损坏、裂纹、弯曲等缺陷。
4.2.2.2 传动轴腐蚀严重，强度降低时需进行更换，做加强级防腐。
4.2.2.3 池底轴承座更换或加固，确保轴承座支撑牢固可靠不偏移，沉淀池底没有杂物。
4.2.2.4 轴承配合处粗糙度不大于R_a3.2，其余各部位粗糙度不大于R_a6.3。滑动轴承表面无裂纹，轴承孔的粗糙度不大于R_a3.2。

4.2.3 减速机构

4.2.3.1 蜗杆减速器、行星摆线针轮减速机按SHS 01028《变速机维护检修规程》执行。
4.2.3.2 链传动

a）两链轮的齿厚中心线应在同一平面上，允许误差 ±1mm。传动链松弛度为两链轮中心距的1%～1.5%，当超过此范围时需解体检修。

b）滚子链无破损、裂纹、磨损、变形等失效形式，如有此现象，必须拆卸检修。

c）链罩完好，减速机地脚螺栓完好。

d）操作柱稳固，按钮完好、旋钮完好。

5　试车与验收

5.1　试车前准备

5.1.1　检查刮臂转动，应无卡阻现象。
5.1.2　检查各部紧固件是否紧固无松动。
5.1.3　减速箱加入合格润滑油，油位符合要求。
5.1.4　清理现场各种施工垃圾，拆除脚手架、爬梯等。
5.1.5　检查电气设备是否完好，接通电源。

5.2　试车

空负荷试车时间一般不少于2h，带负荷（池内注水）试车一般不少于4～6h。电动机、减速器、轴承箱温升正常，运转中无异常声响、振动及跳动。

5.3　验收

5.3.1　整机运行平稳，无异常振动、声响等现象。
5.3.2　刮臂与池底平行无碰擦、卡死，顺时针转动灵活。
5.3.3　减速机构运行平稳，润滑油牌号、油位符合标准。
5.3.4　传动链无卡阻、跳齿等现象。
5.3.5　滚动轴承温度不超过70℃。
5.3.6　传动轴、刮臂等防腐完好。
5.3.7　检修记录等技术资料准确齐全，并按时归档。
5.3.8　刮臂高度适合，刮板不会挂在污泥收集槽上，与三角出水堰不碰擦。
5.3.9　检修质量符合本规程标准，检修资料齐全，办理验收手续，交付生产。

6　维护与故障处理

6.1　日常维护

6.1.1　每日按时巡回检查，检查刮臂运行情况，不能有摆动现象，不与污泥收集槽、三角出水堰碰擦。
6.1.2　检查减速机构运行情况，检查滚子链润滑状况，运行时有无异常声音，振动是否超标，3～4个月停车检查一次传动链磨损情况，确保齿间无污物，齿轮无明显磨损。减速器半年换油一次，每日检查油位。
6.1.3　保持机体清洁。

6.2 常见功能故障与处理方法

悬挂式中心刮泥机常见功能故障与处理方法见表 1。

表 1 悬挂式中心刮泥机常见功能故障与处理方法

序号	功能	功能故障	故障模式	故障后果	故障应对策略与检修内容	检修周期／月
1	刮泥、收集泥	减速机箱体开裂，齿轮断齿	1．池底泥沙量大，未及时排泥 2．刮臂勾住污泥收集槽，超负荷运行，导致减速器发生机械故障	刮泥机卡死，水质超标	1．停池清洗 2．检修减速器和刮臂	视情况定
2		滚子链磨损、断裂	1．滚子链上有污杂物 2．池底积沙较多，负荷大 3．两链轮齿厚中心不在同一平面 4．池底刮板与池底摩擦	刮泥机卡死，水质超标	1．清理链上杂物，润滑或更换链条 2．清洗池子 3．调整链轮角度，或更换链轮 4．调整刮板高度	视情况定
3		刮板磨损	1. 刮臂与池底不平行 2. 源水含沙量大	刮泥机卡死，水质超标	1. 调整刮臂，更换刮板 2. 优化源水，减少沙量	视情况定
4		刮臂弯曲、变形	刮臂支撑变形，导致刮臂、刮板勾住污泥收集槽	刮泥机卡死，水质超标	加固刮臂支撑，调整刮臂高度，调整刮臂与污泥收集槽的间隙	视情况定
5		减速箱运行，上下刮板不走	刮板立轴断裂，齿轮、链条断裂	水质超标	更换刮板立轴，加强防腐，更换齿轮、链条	视情况定

附　录　A
（资料性附录）
悬挂式中心刮泥机检修质量控制确认表

项目	主要控制内容			等级	施工单位	生产车间	设备管理部门	备注
	标准值	部位	现场记录					
间距	详见 4.2.2.3	齿轮		B	★	★		
垂直度	垂直度不大于 2mm	传动轴		B	★	★		
振动	振幅应小于 0.05mm（双峰值）	轴承箱		B	★	★		
振动	运行平稳，不摆动	刮臂		B	★	★		
温度	≤ 70℃	轴承		B	★	★		

注： A 级：施工单位、生产车间、二级管理部门、公司管理部门检查确认后签字。

B 级：施工单位和生产车间检查确认后签字。

C 级：施工单位检查确认后签字。

另：如果有监理，监理的职责由甲方授权。

附 录 B
（资料性附录）
悬挂式中心刮泥机试车与验收数据记录表

装置：　　　　　　　　　　　　设备名称：　　　　　　　　　　　　位号：

试车参数记录：			记录时间											
记录名称	参数位号	标准	1:00	2:00	3:00	4:00	5:00	6:00	7:00	8:00	9:00	10:00	11:00	12:00
减速箱		按《变速机维护检修规程》执行												
传动轴		总垂直度不大于2mm，防腐良好												
刮臂		总垂直度不大于3mm，防腐良好，运行平稳												
刮板		不破损，紧固，材质复合要求												
轴承箱		轴承箱完好，轴承润滑良好，紧张度合适												
验收确认		施工单位：					管理单位：					使用单位：		
备注：1. 三方签字验收后交付生产使用。2. 大修后15个工作日内，将试车记录及验收表扫描录入设备管理系统。														

真空带式过滤机维护检修规程

SHS 09018—2019

代替 SHS 09018—2004

目　次

前　言

本规程按照 GB/T 1.1—2009《标准化工作导则　第 1 部分：标准的结构和编写》给出的规则修订。

本规程代替 SHS 09018—2004《真空带式过滤机维护检修规程》，与 SHS 09018—2004 相比，除了编辑性修改外，主要技术变化如下：

——增加了前言，用范围代替了总则，增加了规范性引用文件、维护与故障处理；

——对检修内容进行了修改，不再分小修和大修；

——增加了拆卸与安装过程中步骤的具体描述、注意事项和技术要求；

——结合最新设备型号，修改了滤液收集系统部分检修内容；

——在维护与故障处理章节中，采用了 RCM 的分析方法根据实际重新进行了编写。

本规程由中国石油化工集团有限公司、中国石油化工股份有限公司提出。

本规程起草单位：中国石化扬子石油化工有限公司。

本规程主要起草人：高惠。

本规程所代替规程的历次版本发布情况为：

——SHS 09018—2004。

真空带式过滤机维护检修规程

1 范围

1.1 主题内容

本规程规定了真空带式过滤机的检修周期与内容、检修程序与质量标准、试车与验收、维护与故障处理。

1.2 适用范围

本规程适用于污水处理装置常用真空带式过滤机的维护与检修。

2 规范性引用文件

下列文件对于本文件的应用是必不可少的。凡是注日期的引用文件，仅所注日期的版本适用于本文件。凡是不注日期的引用文件，其最新版本（包括所有的修改单）适用于本文件。

JB/T 8653 水平带式真空过滤机

3 检修周期与内容

3.1 检修周期

根据对真空带式过滤机功能故障及其影响分析结果、有无备用设备以及生产装置运行周期，确定检修周期，一般为5～8年。

3.2 检修内容

3.2.1 检查各部件连接螺栓。
3.2.2 检查各轴辊及轴承情况。
3.2.3 检查清洗或更换橡胶带、滤带、摩擦带，调整张紧程度。
3.2.4 检查滤液收集系统。
3.2.5 检查加料装置和排液罐。
3.2.6 检查刮刀。
3.2.7 检查减速机。
3.2.8 检查清洗系统，调整喷嘴角度和冲洗水压力。

3.2.9 检查气路系统各部元件有无泄漏、损坏。
3.2.10 检查真空系统各部件有无泄漏、损坏。
3.2.11 检查调整机架、底座。

4 检修程序与质量标准

4.1 检修前准备

4.1.1 各项准备工作应符合安全、环保、质量等方面的要求，应对检修过程进行危害识别及风险评估、环境因素识别和影响评价。
4.1.2 根据设备运行状况，分析故障原因和部位，依据本规程制定详尽的检修技术方案；组织相关人员现场交底，并制定检修施工方案；检修人员应熟悉设备图纸、技术资料与检修方案。
4.1.3 检查落实物资准备（包括材料、备品、安全工具、施工机具等）和检修施工场地准备。
4.1.4 检查安全措施准备，放置好安全警示牌、安全警示绳，检修时必须对现场孔洞、楼梯口、吊装口设围栏或盖板，做好夜间照明及防盗等工作。
4.1.5 落实好安全环保措施，按规定断水、断电、断气、物料倒空，具备检修条件，办理好检修作业票后，方可施工。

4.2 拆卸与检测

4.2.1 拆卸并检查减速机

减速机检修见 SHS 01028《变速机维护检修规程》。

4.2.2 拆卸并检查卸料刮刀

4.2.2.1 拆卸、检查卸料刮刀有无松动、磨损、缺口并修理。
4.2.2.2 检查刮刀轴线与轴辊平行度，允许误差不大于 0.2mm。
4.2.2.3 检查刮刀与滤带贴合间隙，一般应小于 0.3mm。
4.2.2.4 检查刮刀工作面直线度，允许误差不大于 0.2mm。

4.2.3 拆卸并检查加料系统

4.2.3.1 拆卸、检查下料斗，其内壁应光滑。
4.2.3.2 拆卸、检查隔离板，其工作面应光滑平直。

4.2.4 滤带

4.2.4.1 拆卸、检查滤带有无堵塞、磨损、变形或边缘撕裂等。
4.2.4.2 检查滤带接头有无开裂、磨损。

4.2.5 拆卸并检查滤液收集系统

4.2.5.1 拆卸、检查真空滤液软管有无破损、老化。
4.2.5.2 拆卸真空盒及升降机构，检查是否完好。
4.2.5.3 拆卸、检查摩擦带有无磨损、老化、断裂、扭曲。
4.2.5.4 拆卸、检查环形橡胶带有无凹槽、裂纹、老化。

4.2.6 拆卸并检查各轴辊

4.2.6.1 拆卸、检查驱动辊、从动辊及纠偏辊等轴辊轴承并更换。
4.2.6.2 检查各轴辊水平度，应小于或等于 0.05mm。
4.2.6.3 检查各轴辊弯曲情况，直线度允许误差不大于 0.03mm。

4.2.7 拆卸并检查气动系统

4.2.7.1 拆卸大气切换阀及真空切换阀，检查有无破损、老化。
4.2.7.2 拆卸、检查气源管及接头有无损坏、泄漏。
4.2.7.3 拆卸、检查气缸密封件有无泄漏，更换密封圈。
4.2.7.4 拆卸、检查气源三联件减压阀等，根据情况清理或更换。

4.2.8 拆卸并检查冲洗系统

4.2.8.1 检查冲洗水管线各阀门。
4.2.8.2 拆卸、检查、清理冲洗水管及各喷嘴。
4.2.8.3 拆卸、检查冲洗水管与滤带距离。

4.3 回装与质量标准

4.3.1 回装轴辊

4.3.1.1 各轴辊表面必须光滑、无腐蚀、磨损、拉毛等缺陷，直线度小于 0.03mm，圆柱度小于 0.02mm。
4.3.1.2 装配前驱动辊应做静平衡试验。
4.3.1.3 回装各托辊及压辊。各轴辊轴线水平度应小于或等于 0.05mm，各轴辊线间之平行度应小于或等于 0.20mm（被测轴长度为辊子两端轴承内侧的距离）。
4.3.1.4 各轴辊装配时应保证两端同轴度不大于 0.03mm，装配后辊子应能用手转动，不得有卡滞现象。
4.3.1.5 所有轴辊的轴承滚子表面及轴承内外圈应无磨痕、麻点、锈蚀。
4.3.1.6 主动辊、从动辊轴承外圈与轴承座的配合为 J7/h6，轴承内圈与轴的配合为 H7/h6。
4.3.1.7 托胶带辊、纠偏辊、小托辊轴承外圈与轴承座的配合为 J7/h6，轴承内圈与轴的配合为 H7/g6。

4.3.2 回装滤液收集系统

4.3.2.1 回装环形橡胶带，必须保证橡胶带的清洁，中间排液沟槽无堵塞。
4.3.2.2 回装真空盒及升降机构，检查真空盒的密封完好。
4.3.2.3 真空盒中心线与排液带及中心排孔的中心线相重合。
4.3.2.4 检查真空盒水润滑系统，要求水压在 0.2MPa 时，水量为 2.0m^3/h。
4.3.2.5 回装摩擦带，检查是否处于导向装置范围之内，有无对中，调整摩擦带的张紧度。
4.3.2.6 回装真空滤液管，检查滤液管及接头无泄漏。

4.3.3 回装气动系统

4.3.3.1 装配前应将各气缸、气源处理三联件、减压阀、切换阀等内部的杂物、铁屑、油污清理干净，保证这些部件处于完好状态。
4.3.3.2 各气缸工作面应无拉伤、沟痕等。
4.3.3.3 切换阀要求动作一致，最大误差不大于 1s。
4.3.3.4 大气切换阀和真空切换阀的操作压力不超过 0.4MPa，防止产生较大振动和损坏零部件。
4.3.3.5 通气后应对整个气路系统做检查，不允许有泄漏，各气缸杆应能伸缩自如，不得有卡滞现象。
4.3.3.6 检查滤带纠偏接近开关是否正常工作。

4.3.4 回装清洗系统

4.3.4.1 冲水盘和滤带相互垂直，且和滤带相距（20±0.5）mm。
4.3.4.2 喷嘴的凸面朝向冲洗管里面，喷嘴孔长轴与冲洗管轴线垂直并向右或向左偏转 5°，而且所有喷嘴偏转方向一致，安装时注意，不要将喷嘴孔的边缘损伤，以免影响冲洗水喷出的形状和角度。

4.3.5 回装减速机

减速机安装参见 SHS 01028《变速机维护检修规程》。

4.3.6 回装滤带

4.3.6.1 检查四个纠偏气阀的拨杆，不允许支在滤带上。
4.3.6.2 检查滤带极限位置感应开关灵敏度。
4.3.6.3 用手拨动真空过滤机自动纠偏阀，观察其是否能正常工作和复位。

4.3.7 回装卸料刮刀

4.3.7.1 检查刮刀轴线与轴辊平行度，允许误差不大于 0.2mm。

4.3.7.2 检查刮刀与滤带贴合间隙，一般应小于 0.3mm。
4.3.7.3 检查刮刀工作面直线度，允许误差不大于 0.2mm。

4.3.8 回装加料系统

4.3.8.1 检查下料斗、隔离板完好无腐蚀。
4.3.8.2 下料斗和隔离板的固定螺栓必须无松动、无锈蚀。
4.3.8.3 装配时要保证下料斗与机架保持水平，平行度要求小于 0.03mm。
4.3.8.4 加料口的方向与滤带运转方向相反。
4.3.8.5 隔离挡板橡胶应保持平整、无缺口、无老化、无磨损。

4.3.9 检查机架外观

4.3.9.1 机架的地脚螺栓和各机架节之间的连接螺栓紧固无松动。
4.3.9.2 机架各焊缝无裂纹、孔穴、咬边等缺陷。
4.3.9.3 调整机架导轨的水平度，头尾最大误差小于 0.2mm，任意段误差小于 0.25mm。
4.3.9.4 驱动辊与导轨的垂直度应小于 0.6mm。
4.3.9.5 机架整体防腐层平整光滑完好。

5 试车与验收

5.1 试车前准备

5.1.1 检查检修质量确认表或施工方案的检修数据记录情况，确认检修数据等正确。
5.1.2 编制试车方案，方案并经生产装置审核。
5.1.3 检查软管泵、滤液泵、真空泵等配套设备，处于完好状态。
5.1.4 检查设备各部件是否符合安装要求，连接部位是否松动，运动部位是否加润滑剂。
5.1.5 检查进料管路、冲洗水管路中的阀门，应开启灵活，无泄漏现象，然后将所有阀门关闭。
5.1.6 检查设备上有无异物，特别是环形橡胶带、滤带、裙边上有无卡阻物及障碍物。
5.1.7 检查输入电源电压是否正常，电源是否接有零线（地线），水压是否大于 0.3MPa，气源压力是否大于 0.4MPa。
5.1.8 检查减速机油位。

5.2 试车

5.2.1 空负荷试车

5.2.1.1 开启电源。
5.2.1.2 检查电机和减速机的运转情况，应平稳无异常声音。

5.2.1.3 检查各轴辊及轴承的运行情况，应运转平稳，无卡滞现象。
5.2.1.4 检查各气缸的运行情况，应伸缩自如。

5.2.2 负荷试车

5.2.2.1 电机和减速机的运行状态良好，各部位的振幅值应符合 SHS 01003《石油化工旋转机械振动标准》。
5.2.2.2 滚动轴承部位温度不高于 70℃。
5.2.2.3 检查冲洗水是否通畅，水压在规定范围之内。
5.2.2.4 检查气源压力在规定范围之内。
5.2.2.5 检查滤带纠偏系统及真空排液罐的切换阀系统运行正常。

5.3 验收

5.3.1 连续运转 24h 后，各项技术指标均达到设计要求。
5.3.2 设备达到完好标准。
5.3.3 检修记录齐全、准确，按规定办理验收手续。

6 维护与故障处理

6.1 日常维护

6.1.1 设备在关闭进料阀后，空负荷运行数分钟，直至将滤带冲洗干净再停机。
6.1.2 定期检查各轴辊轴承润滑情况。
6.1.3 定期检查减速机运行情况，检查减速箱油位、油质，减速机换油时间一般不超过半年。
6.1.4 经常检查更换易损件，以保证设备正常运行。
6.1.5 电、气控制柜内要保持干燥整洁，不得放置异物和工具。
6.1.6 气源三大件中，气水分离器里液体不得超过水杯的刻度线。
6.1.7 开机前应空载运行 5min，以确定设备是否处在正常状态。
6.1.8 严格按操作规程操作，不得随意变更变频器功能。
6.1.9 设备出现故障不能满足工艺要求时，应停机检修，严禁带病工作。

6.2 常见功能故障及处理方法

真空带式过滤机常见功能故障及处理方法见表 1。

表 1　真空带式过滤机常见功能故障与处理方法

序号	功能	功能故障	故障模式	故障后果	故障应对策略与检修内容	检修周期/月
1	对苯二甲酸（TA）含水率≤60%	对苯二甲酸（TA）脱水效果差	滤带孔堵塞	负荷下降；产品质量不合格	定期巡检；更换滤带	视情况定
			真空度不稳定		消除排液罐漏气；增加摩擦带密封水压和水量	视情况定
			橡胶带排液沟槽堵塞		清洗疏通橡胶带排液沟槽	视情况定
			排水胶带不对中		调整胶带支撑辊使其对中	视情况定
			冲洗水压低		增加冲洗水压力	视情况定
			冲洗喷嘴堵塞		喷嘴清堵或更换	视情况定
2	保证设备正常启动	主机不能启动	气压不足，压力继电器不能工作	对苯二甲酸（TA）无法有效脱出，影响装置出水水质	调整气源处理三元件减压阀，使出口表压不低于0.4MPa	视情况定
			水压不足，压力继电器不能工作		调整水压，冲洗水压不能低于0.3MPa	视情况定
			紧急按钮未复位		确认紧急按钮已复位	视情况定
3	保证机组连续运转	滤带跑偏	气源压力调整不当	无法纠偏，导致机组停机	调整气源压力到规定范围之内	视情况定
			气路元件故障或泄漏	无法纠偏，导致机组停机	定期巡检，检查更换元器件和气源管	视情况定
			纠偏接近开关失灵	无法纠偏，导致机组停机	更换纠偏接近开关	视情况定
			滤带过松	无法纠偏，导致机组停机	检查调整滤带张紧系统	视情况定
		传动系统不正常	轴辊、轴承损坏	轴辊运转有噪声，振动大，甚至不能运转	加注润滑脂	1
					根据检修周期更换滚动轴承	24～36

表 1　真空带式过滤机常见功能故障与处理方法（续）

序号	功能	功能故障	故障模式	故障后果	故障应对策略与检修内容	检修周期/月
3	保证机组连续运转	减速机故障	齿轮磨损	减速机振动大	更换齿轮	36～48
			轴承磨损	减速机振动大	更换轴承	36～48
			润滑油不足	减速机温度过高	加润滑油	视情况定
			超负荷	减速机温度过高、振动大	查找超负荷原因并处理	视情况定
			振动大	减速机温度过高	按振动大处理方法	视情况定

附　录　A
（资料性附录）
真空带式过滤机检修质量控制确认表

项目	主要控制内容			等级	施工单位	生产装置	设备管理部门
	标准值	部位	现场记录				
拆卸时检测							
卸料刮刀与滤带贴合间隙	≤0.3mm			B	★	★	
刮刀轴线与轴辊平行度	≤0.2mm			C	★		
卸料刮刀工作面直线度	≤0.2mm			C	★		
主动辊、从动辊轴承外圈与轴承座的配合	J7/h6			B	★	★	
轴承内圈与轴的配合	H7/h6			B	★	★	
托带辊、纠偏辊、小托辊轴承外圈与轴承座配合	J7/h6			B	★	★	
轴承内圈与轴的配合	H7/g6			B	★	★	
各轴辊水平度	≤0.05mm			B	★	★	
各轴辊直线度	≤0.03mm			B	★	★	
各轴辊两端轴颈同轴度	≤0.02mm			B	★	★	
回装时检测							
各轴辊直线度	≤0.03mm			B	★	★	
各轴辊水平度	≤0.05mm			C	★		
各轴辊轴颈表面粗糙度	R_a1.6			C	★		
各轴辊轴颈径向圆跳动量	≤0.02mm			B	★	★	
各轴辊两端轴颈同轴度	≤0.02mm			B	★	★	
主动辊、从动辊轴承外圈与轴承座的配合	J7/h6			B	★	★	
轴承内圈与轴的配合	H7/h6			B	★	★	
托带辊、纠偏辊、小托辊轴承外圈与轴承座配合	J7/h6			B	★	★	
轴承内圈与轴的配合	H7/g6			B	★	★	

真空带式过滤机检修质量确认表（续）

项目	主要控制内容			等级	施工单位	生产装置	设备管理部门
	标准值	部位	现场记录				
卸料刮刀工作面直线度	≤ 0.2mm			B	★	★	
卸料刮刀与滤带贴合间隙	≤ 0.3mm			B	★	★	
刮刀轴线与轴辊平行度	≤ 0.2mm			B	★	★	
大气切换阀气源压力	0.3～0.4MPa			B	★	★	
纠偏气源压力	0.2～0.3MPa			B	★	★	
冲洗水压力	≥ 0.3MPa			B	★	★	

注： A 级：施工单位、生产装置、设备管理部门专业人员检查确认后签字。

B 级：施工单位和生产装置专业人员检查确认后签字。

C 级：施工单位专业人员检查确认后签字。

另：如果有监理，监理的职责由甲方授权。

附 录 B
（资料性附录）
真空带式过滤机试车与验收数据记录表

序号	检修部位名称	质量标准	检查情况	控制级别	确认人
1	减速机	运行平稳，无杂音。润滑油位在油窗1/2～2/3处。振动温度均符合要求。振动≤4.5mm/s，温度≤70℃		B	
2	各轴辊轴承	润滑良好，运转正常，无杂音。振动温度均符合要求。振动≤4.5mm/s，温度≤70℃		B	
3	滤带纠偏系统	滤带纠偏系统运行正常。纠偏气缸压力在规定范围。气缸动作自如，气路无泄漏		B	
4	滤带张紧系统	滤带纠偏张紧系统运行正常。张紧气缸压力在规定范围		B	
5	滤液收集系统	真空盒密封良好，滤液管无泄漏。排水胶带运行良好。排水胶带排液孔无堵塞		B	
6	卸料刮刀	卸料刮刀工作边缘与滤带完全接触，且贴合间隙小于0.3mm		B	
7	冲洗系统	冲洗水压不低于0.3MPa。喷嘴无堵塞，滤带冲洗效果良好		B	

备注： 1. 双方签字验收后交付生产使用。

2. 大修后15个工作日内，将试车记录及验收表扫描录入设备管理系统。

闸门维护检修规程

SHS 09019—2019

目　　次

前　言

本规程按照 GB/T 1.1—2009《标准化工作导则　第 1 部分：标准的结构和编写》给出的规则起草。

本规程是给排水设备维护检修规程中新增加的内容，着重介绍启闭机的维护和检修内容、质量标准等。

本规程由中国石油化工集团有限公司、中国石油化工股份有限公司提出。

本规程起草单位：中国石油化工股份有限公司金陵分公司。

本规程主要起草人：任伯明。

本规程 2019 年首次发布。

闸门维护检修规程

1 范围

1.1 主题内容

本规程规定了污水处理等系统闸门（含启闭机）的检修周期与内容、检修与质量标准、日常维护及常见故障处理。各单位在具体检修时，应根据本规程结合实际情况编制相应检修方案。

1.2 适用范围

本规程适用于污水处理系统、排洪沟等所用闸门的维护与检修。

2 规范性引用文件

下列文件对本文件的应用是不可少的。凡是注日期的引用文件，仅注日期的版本适用于本文件。凡是不注日期的引用文件，其最新版本（包括所有的修改单）适用于本文件。

GB/T 14173 水利水电工程 钢闸门制造、安装及验收规范

DL/T 835 水工钢闸门和启闭机安全检测技术规程

3 检修周期与内容

3.1 检修周期

3.1.1 一般在首次投入运行 3 年内和以后每间隔 5 年大修 1 次；若经过试验与检查并结合运行情况，判定闸门设备有锈蚀或变形情况严重时，才进行大修；运行中的闸门设备，当发现异常状况或经试验确定有故障时，应提前进行大修；运行正常的闸门设备经综合诊断分析良好，可适当延长大修周期。

3.1.2 附属装置的检修周期

橡胶止水、机械润滑及行车轨道，应根据有关规程的规定进行，一般 1～2 年进行 1 次。

3.2 检修内容

3.2.1 闸板密封条维修或更换。

3.2.2 电气开关维修。
3.2.3 闸板间隙调整。
3.2.4 启闭机地脚螺栓紧固、焊接。
3.2.5 启闭机防雨措施检查维修。
3.2.6 丝杆校正或更换。
3.2.7 启闭机电机检修。
3.2.8 启闭机限位器检修或更换。
3.2.9 启闭机轴承、轴承箱检修或更换。
3.2.10 闸门支撑架更换。
3.2.11 电机电源开关更换。
3.2.12 门体（闸门轨道）的校正或更换。
3.2.13 闸门框上卡位座调整。

4 检修程序与质量标准

4.1 检修前准备

4.1.1 隔断上游来水。
4.1.2 检修部位搭设围挡或围堰，置换围堰内空气。
4.1.3 搭设检修通道，配置合格的动力箱电源，夜间需配备照明。
4.1.4 提前准备好检修材料、备件。
4.1.5 检修前设备需停电，开具合格的作业票。
4.1.6 提前编制好检修施工方案和安全技术方案。

4.2 检修程序和质量标准

4.2.1 止水装置

本规程中闸门止水均采用金属硬密封，外加橡胶密封，其修理方法如下。
4.2.1.1 更换新件：橡胶水封使用日久老化、失去弹性和磨损严重的，应更换新件。安装新水封时，应用原水封压板在新橡胶水封上划出螺孔，然后冲孔，孔径应比螺栓小1～2mm，严禁烫孔。
4.2.1.2 局部修补：由于水封预埋件安装不良，而使橡胶水封局部撕裂的，除了改善水封预埋件外，可割除损坏部分，换上相同规格尺寸的新水封。新、旧水封接头的处理方法有：将接头切割成斜面，并将它锉毛，涂上黏合剂黏合压紧，再用尼龙丝或锦纶丝缝紧加固，尼龙丝尽量藏在橡胶内不外露，缝合后再涂上一层黏合剂，保护尼龙丝不被磨损，两天后才可使用，橡胶水封更新或修理后的标准：水封顶部所构成的平面不平度不得超过 2mm；水封与水封座配合的压缩量应保持 2～4mm。

4.2.2 埋固件

闸门埋固件包括主轨、门槽护面、水封座、底坎和卡位座等。这些埋固件，把闸门承受的水压力及其他荷载传到土建部分，同时保证闸门在规定的位置上灵活、准确地运动。由于一些埋固件常处水下和受高速水流冲刷及其他外力作用，因此常会出现一些缺陷，如锈蚀、变形、气蚀和磨损等。这样不仅会削弱结构强度，也会使闸门启闭困难，甚至酿成闸门的重大事故。因此，当发现埋固件有缺陷时，必须按下列情况分别进行检修。

4.2.2.1　支承压合胶木的主轨表面的不锈钢脱落或磨损时，应拆下进行处理。全轨道需喷镀处理时，应先将原有镀层清除干净后再喷镀；采用局部堆焊处理时，要用与原堆焊相同的焊条施焊。喷镀或堆焊完毕后，应用 0 号砂布及油石蘸油等方法研磨表面，以达到设计要求的表面粗糙度。

4.2.2.2　支承工作轮的轨道，如因气蚀、锈蚀、磨损而造成缺陷，应做补焊处理；如损坏、变形较大时，宜更换新件。局部缺陷经补焊及加工处理后，应保证工作表面的粗糙度。

4.2.2.3　金属水封座及底坎等，由于安装不牢受水流冲刷、泥沙磨损或水封座下垫块腐蚀而发生松动、脱落或磨损应按原设计要求重新处理。轴承合金垫板有磨损的，可用灌注法修补，也可考虑更换金属垫条，例如铜条，铜条与闸板底部最大间隙不大于0.1mm。

4.2.2.4　胸墙檐板和侧方水封座发生锈蚀时，一般可采用涂刷油漆、涂料或环氧涂料护面，也可采用喷镀不锈钢和有色金属材料护面。

4.3 闸门

4.3.1 防腐蚀的方法：喷铝防腐法

采用熔点较低的铝（667℃）金属为原料，通过可调温度的火焰和压缩空气的喷射，使其在钢结构表面生成一层金属镀膜，它不但具有涂料的覆盖隔水作用，并且有阴极保护作用，从而达到防腐蚀的目的。

4.3.2 施工工艺流程和质量要求

金属喷镀按熔化金属的方法，一般可分为气喷镀和电喷镀两种。气喷镀的工艺流程：结构表面处理—喷镀—检查—封闭。

4.3.2.1　喷镀过程中应注意的事项

a）喷镀镀层厚度，海水中不少于 300μm 。

b）火焰控制为中性或中性偏碳化焰。

c）严格控制喷射颗粒的大小。

d）喷枪移动必须平稳规则，不得乱喷。

4.3.2.2　镀层质量检查

a）表面缺陷。

b）附着力检查。

c）孔隙检查。

d）镀层厚度应满足要求。

4.4 减速机

启闭机减速机是启闭设备的关键部件，其运行或故障时，可通过看、听、闻、摸四种方法来及时预防和排除故障，保证电动机的安全运行。

蜗杆减速器、行星摆线针轮减速机按 SHS 01028《变速机维护检修规程》执行。

4.5 丝杆

当闸门出现丝杆弯曲变形，电机振动大，闸板摇晃的情况时，则要考虑检修丝杆。松开丝杆与闸板的连接，打开启闭机，抽出丝杆，可以热处理进行丝杆的校正，使其伸直，对磨损的丝扣进行电镀或金加工处理；丝扣磨损严重或丝杆无法校正的则要考虑更换丝杆。标准：丝杆运行自如，运行时闸板不晃动，电机无杂音，振动小。

4.6 电气控制箱

电气控制箱要满足标准使用环境要求，其中如有电气部件出现接触异常或失效应及时更换。对附带有开度荷重装置的启闭机在使用前需做严格检查后方可使用。

4.7 限位器

当闸门运行到设定的位置时，仍无法停运，则要考虑检修限位器。

4.7.1 打开限位器大盖，除湿，烘干。

4.7.2 检查线路和电磁线圈，电磁线圈应根据使用情况定期测试绝缘情况，若不合要求，可除湿，烘干，对损坏的电气元件进行更换。

4.7.3 做好限位器的防雨水工作，用玻璃胶、油泥封堵或增加雨棚。

4.7.4 情况严重时整体更换限位器。

4.7.5 标准：闸板运行到设定位置时，能自动停运。

5 试车与验收

5.1 试车前的准备

5.1.1 检查闸门丝杆润滑良好，电机轴承润滑良好，减速箱油位正常，油质合格。

5.1.2 清理排水沟内树枝等杂物。

5.1.3 检查限位器是否完好。

5.1.4 检查电源开关是否送电。

5.1.5 启闭机必须调到电动启动模式。

5.1.6 现场检修余料、杂物必须清理干净。

5.2 试车

5.2.1 试车步骤：按电源开关上行按钮，打开闸门；按电源开关下行按钮，关闭闸门。

5.2.2 试车中检查项目

5.2.2.1 检查闸门运行是否平稳。

5.2.2.2 检查电机运行是否平稳，有无杂音，振动小。

5.2.2.3 检查限位器是否有效，到设定位置时是否自动停运。

5.2.2.4 闸门关闭后，检查是否漏水。

5.2.2.5 检查启闭机底座是否稳固。

5.3 验收

检修质量达到本规程要求，检修记录齐全准确，可按规定办理验收手续，移交生产使用。

5.3.1 闸门行走自如，不晃动，无杂音。

5.3.2 丝杆无磨损，不弯曲，丝扣完好，润滑良好。

5.3.3 闸门底部、侧面密封好，漏水量小不大于 0.2L/（min•m）。

5.3.4 限位器完好，运行到位时能自动停止。

5.3.5 电机运行时无杂音，振动小，温度正常，不超电流。

6 维护与故障处理

6.1 日常维护

为保证闸门运行安全，保障排洪沟的蓄水能力，对金属闸门设备需按如下规程进行维护及保养：

6.1.1 清除取水口闸门四周及上游水面影响取水的漂浮物和障碍物。

6.1.2 各类闸门都必须及时防锈、防老化养护，遇有因撞击、振动、结构变形等损坏时，应及时修固补强。机械部件、止水橡胶损坏时应及时更换。

6.1.3 经常巡检，调整制动器的闸合间隙，确保负荷限制器、高度限制器的工作准确性。

6.1.4 所有闸门启闭机、动力机及电气等，确定一年一小修、三年一大修（包括闸门的防锈），以保证必要的维护和保养。

6.1.5 使用手动启闭机开启、关闭闸门时，用力应均匀，切勿用力过猛，以防损坏（伤）定位装置。

6.1.6 使用手电两用启闭机启闭闸门时，应注意：a）用电动启闭时，应检查手摇柄是否脱离转轴，以免在启动时碰伤人员。b）用手动启闭时，应切断电源，将摇柄插入孔内摇动（或将电动装置上的电动标记切入到手动标志上去）。

6.1.7 每 2～3 个月对启闭机轴承，传动螺杆、螺母等加注 1～2 次润滑液，大保养时，应给轴承部分注满润滑脂。每年需对闸门作一次油漆、防腐处理。

6.1.8 维护检修安全注意事项

6.1.8.1 维护安全注意事项：

a）必须严格执行工艺操作规程和有关安全制度。

b）启动设备前要先详细检查安全装置是否齐全，可靠。

c）设备在运行中，不准从事相关维护检修工作。

6.1.8.2 检修安全注意事项：

a）设备检修前设备必须停电，要做好设备的清扫处理工作。检修完毕，试运合格后办理检修交出手续。

b）检修工具和拆卸，清洗，更换的零部件，要放在规定的地方，摆放要整齐，做到文明施工。

6.1.8.3 试车安全注意事项：

a）试车工作应设专人负责，在现场操作，并在统一指挥下进行。

b）开停车由专人负责操作，操作者应持有上岗合格证。

c）设立明显的试车标志，禁止无关人员进入试车现场。

6.2 常见功能故障与处理方法

闸门常见功能故障与处理方法见表 1。

表 1 闸门常见功能故障与处理方法

序号	功能	功能故障	故障模式	故障后果	故障应对策略与检修内容	检修周期／月
1	挡水	丝杆弯曲	1. 自动限位故障 2. 操作时人不在现场，远程控制，未及时停运	启闭机地脚螺栓断裂，闸门开关不了，水质超标排放	1. 修复自动限位装置，做好自动限位器防水措施 2. 开关时必须现场有人	视情况定
2		闸门漏水	1. 闸门与轨道磨损，间隙大 2. 轨道密封条破损、磨损 3. 闸门底部槽内有杂物	闸门失去挡水作用，水质超标排放	1. 修复轨道，减小间隙 2. 更换密封条 3. 清理底部槽内杂物	视情况定
3		闸门不动作	1. 开关进水故障 2. 电气故障	闸门失去挡水作用，水质超标排放	1. 联系电气检修开关，更换开关，做好开关防水措施 2. 电气检修	视情况定
4		闸门摆动	轨道磨损，间隙大	闸门失去挡水作用，水质超标排放	修复轨道，减少间隙	视情况定

附 录 A
（资料性附录）
闸门检修质量控制确认表

项目	主要控制内容			等级	施工单位	生产车间	设备管理部门	备注
	标准值	部位	现场记录					
精度	达到 7e 级	丝杆		B	★	★		
防腐	除锈达到 Sa2.5 级标准；C04～42 醇酸面漆，漆膜厚度 200μm	闸门		B	★	★		
强度、挠度	拉伸、压缩和剪切强度的安全系数不小于 5，挠度不大于构件长度的 1/1500	门框、闸门		B	★	★		
间隙	≤ 0.03mm	密封条		B	★	★		
振动	无明显晃动，卡涩	闸门		B	★	★		
漏水量	≤ 0.2L/（min·m）	门槽		B	★	★		
仪表	自动停运	限位器		B	★	★		

注： A 级：施工单位、生产车间、二级管理部门、公司管理部门检查确认后签字。
B 级：施工单位和生产车间检查确认后签字。
C 级：施工单位检查确认后签字。
另：如果有监理，监理的职责由甲方授权。

附 录 B
（资料性附录）
闸门试运与验收数据记录表

装置：　　　　　　　　　　　　设备名称：　　　　　　　　　　　　位号：

试运参数记录：			记录时间											
记录名称	参数位号	标准	1:00	2:00	3:00	4:00	5:00	6:00	7:00	8:00	9:00	10:00	11:00	12:00
丝杆		不弯曲，其精度达到7e级标准												
限位器		能有效控制停运												
卡位座		稳固，位置正确												
门槽		门槽面光滑，槽内干净												
密封条		≤0.2L/(min·m)												
闸门、门框		拉伸、压缩和剪切强度的安全系数不小于5，挠度不大于构件长度的1/1500												
验收确认		施工单位：					管理单位：					使用单位：		
备注：1. 三方签字验收后交付生产使用。2. 大修后15个工作日内，将试车记录及验收表扫描录入设备管理系统。														

刮渣机维护检修规程

SHS 09020—2019

目　　次

前　　言

本规程按照GB/T 1.1—2009《标准化工作导则　第1部分：标准的结构和编写》给出的规则起草。

本规程由中国石油化工集团有限公司、中国石油化工股份有限公司提出。

本规程起草单位：中国石油化工股份有限公司金陵分公司。

本规程主要起草人：任伯明。

本规程2019年首次发布。

刮渣机维护检修规程

1 范围

1.1 主题内容

本规程规定了隔油池、气浮池刮渣机的检修周期与内容、检修与质量标准、日常维护及常见故障处理等。各单位在具体检修时，应根据本规程结合实际情况编制相应检修方案。

1.2 适用范围

本规程适用于污水处理所用链轮传动刮渣机的维护与检修。

2 规范性引用文件

下列文件对本文件的应用是不可少的。凡是注日期的引用文件，仅注日期的版本适用于本文件。凡是不注日期的引用文件，其最新版本（包括所有的修改单）适用于本文件。

HJ 265 环境保护产品技术要求 刮泥机

3 检修周期与内容

3.1 检修周期

刮渣机检修周期一般为 3～5 年，在实际运行中应根据刮渣机运行状况确定检修时间。

3.2 检修内容

3.2.1 变速机检修，参见 SHS 01028《变速机维护检修规程》。

3.2.2 链轮调整，不能偏离。链轮齿磨损严重，链条打滑时需更换链轮。

3.2.3 刮板杆防腐，明显弯曲变形时需修理或更换。

3.2.4 轴承座更换。

3.2.5 刮板杆与轨道间距调整。

3.2.6 刮板维修，更换胶皮。
3.2.7 链条脱节时需及时检修，调整链条张紧度，链条整体腐蚀严重时需更换链条。
3.2.8 轨道防腐，更换轨道。
3.2.9 滚轮加油润滑或更换。

4 检修程序与质量标准

4.1 检修前准备

4.1.1 停运池子，清理池子，通风吹扫。
4.1.2 刮渣机停电。
4.1.3 池子内搭设好脚手架和检修通道。
4.1.4 检修前必须检测池内氧气含量和其他有害气体含量，开具相关合格作业票后方可施工。
4.1.5 提前准备好检修配件和材料。
4.1.6 提前编制好检修施工方案和安全措施方案。

4.2 检修与质量标准

4.2.1 刮板杆有脱焊、变形、腐蚀等现象，刮板有脱落现象，应及时停机检查，严重时需拆除刮杆，更换滚轮。调整刮板杆，保证板刮杆与轨道间隙合适，稳定运行，不磨损，刮板杆整体除锈防腐。
4.2.2 减速机构

蜗杆减速机按SHS 01028《变速机维护检修规程》执行，减速箱链罩完好，链条、链轮润滑良好，链轮无磨损，链条插销完好，不偏心，减速箱地脚螺栓紧固，如出现开机链轮不动或有异常振动和杂音，需停机解体检查和维修。
4.2.3 链传动机构
4.2.3.1 两链轮的齿厚中心线应在同一平面上，允许误差 ±1mm。传动链松弛度为两链轮中心距的1%～1.5%。大链轮的齿度系数不合适，磨损过大时，需拆除链轮进行检修，或更换链轮，做到链条与链张紧度合适。
4.2.3.2 大链轮轴承座支撑不牢固，偏移，腐蚀严重，破裂时需拆除轴承箱，进行更换，要求轴承润滑良好，轴承座稳固。
4.2.3.3 链条的固定插销不完好，卡涩，润滑不好，松紧度不合适，经常脱轨时，需对链条进行加油，调整张紧度，严重时需动火割除链条，进行更换。要求固定插销完好，不断裂，不缺，润滑良好，张紧度合适，不脱轨，运行平稳。
4.3.3.4 滚轮破损时需更换，要求滚轮无破损、裂纹、磨损等失效形式，滚动自如。
4.3.3.5 链条轨道腐蚀、磨损断裂时，需整体更换，焊接时满焊，做好防腐。

5 试车与验收

5.1 试车前准备

5.1.1 检查链条转动，应无卡阻、摆动现象。
5.1.2 检查各部紧固件是否紧固无松动。
5.1.3 润滑油是否按指定油品加入，油位符合要求。
5.1.4 检查电气设备是否完好，接通电源。
5.1.5 检查滚轮是否正常滚动，不磨损。
5.1.6 检查池内是否干净，不能有脚手架、爬梯等杂物影响刮板运行。

5.2 试车

空负荷试车时间一般不少于30min，带负荷（池内注水，池面集聚了一定的浮渣后运行刮渣机）试车一般不少于1h。电动机、减速机、轴承温升正常，刮板运行平稳，运转中链条没有异常声音、振动及跳动现象。

5.3 验收

5.3.1 整机运行平稳，无异常振动、杂音等现象。
5.3.2 刮板杆与轨道平行无碰擦、卡死，滚轮灵活。
5.3.3 减速机构运行平稳，润滑油油质、油位符合标准。
5.3.4 链条运行无卡阻、跳齿等现象，不脱轨。
5.3.5 滚动轴承温度不超过70℃，减速箱地脚螺栓紧固。
5.3.6 大链轮运行平稳，不摆动。
5.3.7 刮板伸入池面20mm，不跑渣，刮板完好，不破裂。
5.3.8 检修记录等技术资料准确齐全，并按时归档。
5.3.9 检修质量符合本规程标准，检修资料齐全，办理验收手续，交付生产。

6 维护与故障处理

6.1 日常维护

6.1.1 每日按时巡回检查，检查各部件运行是否平稳，滚轮是否滚动，链条是否运行平稳，不跳动、卡阻，刮板是否刮到浮渣。
6.1.2 检查减速机构运行情况，减速箱无异常声响，润滑良好，3～4个月停车检查一次传动链磨损情况，确保齿间无污物，不缺齿。减速器每半年换油一次，每日检查减速箱油位、油质。
6.1.3 保持机体清洁。

6.2 常见功能故障与处理方法

刮渣机常见功能故障与处理方法见表1。

表1 刮渣机常见功能故障与处理方法

序号	功能	功能故障	故障模式	故障后果	故障应对策略与检修内容	检修周期/月
1	刮渣	链条脱轨	1. 浮渣量大或链条被杂物卡住 2. 链条断裂 3. 轨道断裂或变形 4. 大链轮齿磨损严重，或偏心	机械故障，无法刮渣，水质超标	1. 停池清洗，进行大修，清理池内杂物 2. 更换断裂的链条短接 3. 轨道重新补焊，磨平，必要时材质升级 4. 大链轮进行修理，严重时更换链轮	视情况定
2	刮渣	刮板杆滚轮磨损、破裂	1. 滚轮缺少润滑，卡阻 2. 池面浮渣量大，负荷大 3. 刮板杆与轨道不垂直，存在偏心，运行时刮板杆与轨道摩擦 4. 轨道腐蚀脱落	机械故障，无法刮渣，水质超标	1. 检修滚轮，或更换滚轮，滚轮要求滚动自如，润滑良好，材质耐磨 2. 调整水量，降低负荷 4. 调整刮板杆角度，确保与轨道垂直 3. 轨道支撑加固，防腐	视情况定
3	刮渣	刮板破裂	刮板老化，长期使用后磨损，破裂，刮渣量小	刮渣量小，水质超标	更换刮板、刮皮	视情况定
4	刮渣	刮板杆变形	1. 长期超负荷运行 2. 刮板杆与轨道存在偏移，行走时与轨道摩擦	刮渣量小，水质超标	1. 调整水量，降低负荷 2. 调整刮板杆和轨道的距离，更换刮板杆，或进行补焊	视情况定
5	刮渣	大链轮齿口磨损	1. 主链条与链轮不在一垂直面上，链条张紧度不合适 2. 超负荷运行	容易引起脱轨，造成机械故障	1. 更换链轮或检修，调整链条的张紧度 2. 加强排渣，减小运行负荷	视情况定
6	刮渣	减速箱振动大，有杂音	1. 次链条与减速机链轮不在一平面上，链条张紧度不合适 2. 超负荷运行	整机无法运行，水质超标	1. 更换减速机链轮或检修，调整次链条的张紧度 2. 加强排渣，减小运行负荷	视情况定

附　录　A

（资料性附录）

刮渣机检修质量控制确认表

项目	主要控制内容			等级	施工单位	生产车间	设备管理部门	备注
	标准值	部位	现场记录					
松弛度	松弛度为两链轮中心距的 1%～1.5%	链条		B	★	★		
振动值	0.18～0.28mm/s	轴承箱		B	★	★		
垂直度	齿厚中心线应在同一垂直平面上，允许误差 ±1mm	链轮		B	★	★		
速度	0.3～0.5m/s	刮板		B	★	★		
磨损	≤ 0.2mm/a	链轮齿		B	★	★		

注： A 级：施工单位、生产车间、二级管理部门、公司管理部门检查确认后签字。
B 级：施工单位和生产车间检查确认后签字。
C 级：施工单位检查确认后签字。
另：如果有监理，监理的职责由甲方授权。

附　录　B

（资料性附录）

刮渣机试车与验收数据记录表

装置：　　　　　　　　　　　　设备名称：　　　　　　　　　　　位号：

试车参数记录：			记录时间											
记录名称	参数位号	标准	1:00	2:00	3:00	4:00	5:00	6:00	7:00	8:00	9:00	10:00	11:00	12:00
链条		松弛度为两链轮中心距的1%～1.5%												
轴承箱		振动值：0.18～0.28mm/s												
链轮		齿厚中心线应在同一平面上，允许误差 ±2mm；齿轮年磨损率：0.1～0.2mm/a												
刮板		完好，行走速度：0.3～0.5m/s												
减速箱		参照减速机维护检修规程												
验收确认		施工单位：					管理单位：					使用单位：		
备注：1. 三方签字验收后交付生产使用。2. 大修后15个工作日内，将试车记录及验收表扫描录入设备管理系统。														

涡凹曝气机维护检修规程

SHS 09021—2019

目　　次

前　言

本规程按照GB/T　1.1—2009《标准化工作导则　第1部分：标准的结构和编写》给出的规则起草。

本规程由中国石油化工集团有限公司、中国石油化工股份有限公司提出。

本规程起草单位：中国石油化工股份有限公司金陵分公司。

本规程主要起草人：任伯明。

本规程2019年首次发布。

涡凹曝气机维护检修规程

1 范围

1.1 主题内容

本规程规定了污水处理系统气浮池涡凹曝气机的检修周期与内容、检修程序与质量标准、日常维护及常见故障处理等。各单位在具体检修时，应根据本规程结合实际情况编制相应检修方案。

1.2 适用范围

本规程适用于污水处理系统涡凹曝气机的维护与检修。

2 规范性引用文件

下列文件对本文件的应用是不可少的。凡是注日期的引用文件，仅注日期的版本适用于本文件。凡是不注日期的引用文件，其最新版本（包括所有的修改单）适用于本文件。

GB/T 27872 潜水曝气机标准

3 检修周期与内容

3.1 检修周期

涡凹曝气机检修周期一般为3～5年，在实际运行中应根据曝气机运行状况确定检修时间。

3.2 检修内容

3.2.1 补焊或更换输气管。

3.2.2 检修或更换机械密封。

3.2.3 涂镀修复或更换叶轮键。

3.2.4 更换输气管轴承润滑脂或更换轴承。

3.2.5 紧固叶轮，或更换叶轮。

3.2.6 加强曝气机基础防腐，严重减薄时需更换基础。

3.2.7 更换地脚螺栓。

3.2.8 加固曝气机安装平台，加强基础防腐。
3.2.9 电机轴承润滑或更换轴承。
3.2.10 清除叶轮内的杂物。

4 检修程序与质量标准

4.1 检修前准备

检修前必须编写好检修施工方案和安全措施方案，备好所需配件，现场准备好起吊工具，如行车等，并检查安全方面的工作是否已完成，必须停电，开具作业票。

4.2 拆卸与检修

4.2.1 叶轮

4.2.1.1 检查叶轮有无机械损伤，缺陷裂纹，腐蚀穿孔，有无堵塞并修理。
4.2.1.2 检查键槽是否正常，键没有腐蚀变形，强度足够，叶轮不能松动。
4.2.1.3 检查叶轮螺母是否紧固，没有腐蚀。

4.2.2 电机

参照 SHS 06001《旋转电机维护检修规程》。

4.2.3 曝气筒

4.2.3.1 检查叶轮是否腐蚀穿孔，叶轮是否变形，是否稳固。
4.2.3.2 检查曝气筒是否腐蚀穿孔，曝气筒是否变形，是否稳固。
4.2.3.3 检查轴承润滑是否完好，是否进水、散架、稳固，不跑内外圈。
4.2.3.4 机械密封的检查和维修参照 SHS 01052《机械密封维护检修规程》。

4.3 回装质量标准

4.3.1 叶轮必须没有腐蚀，没有减薄，没有变形，流道畅通，必须紧固。
4.3.2 叶轮键槽、键没有腐蚀，强度足够，安装紧固。
4.3.3 输气管上、中、下轴承润滑良好，轴承不跑内外圈。
4.3.4 曝气机安装稳固，地脚螺栓紧固，基础强度足够，不腐蚀，防腐良好。
4.3.5 机械密封的回装参照 SHS 01052《机械密封维护检修规程》。
4.3.6 曝气机垂直安装，不偏移。
4.3.7 电机运行良好，不振动，不超温，声音正常，附件完整。
4.3.8 气泡组小，曝气均匀，曝气量正常，无短路现象。
4.3.9 现场铭牌完整，字迹清楚，包机牌完好，数据正确。

4.3.10 所有紧固螺栓没有腐蚀，丝扣完好，紧固。

4.3.11 叶轮螺母没有腐蚀，紧固良好。

5 试车与验收

5.1 试车前准备

5.1.1 检查曝气机安装是否稳固，不偏移。

5.1.2 检查各部紧固件是否紧固无松动。

5.1.3 润滑油是否按指定油品加入，油位、油质符合要求。

5.1.4 检查电气设备是否完好。

5.1.5 检查池内水位是否适当，池内不能有脚手架、爬梯等杂物影响曝气机运行。

5.1.6 联系电气送电。

5.1.7 进气口畅通。

5.2 试车

5.2.1 空载试车：曝气机先进行空载运转，空载运转应在额定转速下进行，时间不得小于 2h，各密封处不应有渗油现象。各连接件、紧固件应连接牢固，没有松动现象，整机运行平稳。

5.2.2 负载试车：叶轮在水下负载试车一般不少于 2h，电机轴承温度一般不超过 70℃，否则停机检查。

5.3 验收

5.3.1 整机运行平稳，无异常振动、杂音等现象。

5.3.2 电机轴承温度一般不超过 70℃，曝气机地脚螺栓紧固。

5.3.3 曝气效果良好，气泡细小、均匀，曝气量适中。

5.3.4 检修记录等技术资料准确齐全，并按时归档。

5.3.5 检修质量符合本规程标准，检修资料齐全，办理验收手续，交付生产。

6 维护与故障处理

6.1 日常维护

6.1.1 每日按时巡回检查，检查各部件运行是否平稳，电机振动是否过大，曝气机基础是否稳固，地脚螺栓是否紧固，电机温度、曝气筒轴承温度是否正常。

6.1.2 检查曝气机曝气情况，气泡颗粒细小，曝气均匀，呈现乳白色，曝气量适中。

6.1.3 保持机体清洁。

6.2 常见功能故障与处理方法

涡凹曝气机常见功能故障与处理方法见表1。

表1 涡凹曝气机常见功能故障与处理方法

序号	功能	功能故障	故障模式	故障后果	故障应对策略与检修内容	检修周期／月
1	曝气	叶轮曝气效果差	1. 叶轮磨损，流道破坏 2. 叶轮松动 3. 叶轮堵塞 4. 进气口堵塞	曝气不足，曝气不均匀	1. 更换叶轮 2. 紧固叶轮 3. 疏通叶轮 4. 进气口疏通	视情况定
2		曝气机振动大	1. 基础（钢板）腐蚀，减薄 2. 地脚螺栓松动	基础松动，曝气机振动大	1. 紧固基础，加强基础防腐，严重时更换基础 2. 紧固螺栓	视情况定
3		密封泄漏	密封失效、泄漏	轴承进水，轴承损坏	检修或更换机械密封	视情况定
4		轴承损坏	1. 轴承进水，润滑失效，轴承散架 2. 曝气筒振动大	曝气筒抖动，断裂，变形	1. 更换轴承，加强润滑 2. 加固曝气筒，或更换曝气筒	视情况定
5		电机不动作	电气故障	曝气机不动作或转速不够	电气检修，或更换电机	视情况定

附　录　A
（资料性附录）
涡凹曝气机检修质量控制确认表

项目	主要控制内容			等级	施工单位	生产车间	设备管理部门	备注
	标准值	部位	现场记录					
温度	≤70℃	电机轴承		B	★	★		
振动	≤0.5mm/s	曝气筒		B	★	★		
泄漏量	0	机械密封		B	★	★		
振动	0.15～0.28mm/s	电机轴承		B	★	★		
曝气量	均匀，参照设备技术指标	叶轮		B	★	★		

注： A级：施工单位、生产车间、二级管理部门、公司管理部门检查确认后签字。

B级：施工单位和生产车间检查确认后签字。

C级：施工单位检查确认后签字。

另：如果有监理，监理的职责由甲方授权。

附 录 B

（资料性附录）

涡凹曝气机试车与验收数据记录表

装置：　　　　　　　　　　　　　　设备名称：　　　　　　　　　　　　位号：

试车参数记录：			记录时间											
记录名称	参数位号	标准	1:00	2:00	3:00	4:00	5:00	6:00	7:00	8:00	9:00	10:00	11:00	12:00
轴承		温度≤70℃，润滑良好，轴承箱振动值：0.15～0.28mm/s												
曝气筒		振动值≤0.5mm/s，防腐良好												
机械密封		泄漏率为0												
曝气机基础		防腐良好，强度合适，稳固												
叶轮		曝气均匀，曝气量参照设备技术指标												
验收确认		施工单位：					管理单位：					使用单位：		
备注：1. 三方签字验收后交付生产使用。2. 大修后15个工作日内，将试车记录及验收表扫描录入设备管理系统。														

离子交换器维护检修规程

SHS 09022—2019

目　次

前　言

本规程按照 GB/T 1.1—2009《标准化工作导则　第 1 部分：标准的结构和编写》给出的规则起草。

本规程由中国石油化工集团有限公司、中国石油化工股份有限公司提出。

本规程起草单位：中国石油化工股份有限公司金陵分公司。

本规程主要起草人：陈存宝、徐庆铁。

本规程 2019 年首次发布。

离子交换器维护检修规程

1 范围

1.1 主题内容

本规程规定了化学水处理系统离子交换器的检修周期与内容、检修与质量标准、试车与验收、维护与故障处理。

1.2 适用范围

本规程适用于化学水处理装置的常用离子交换器的维护与检修。

2 规范性引用文件

下列文件对本文件的应用是不可少的。凡是注日期的引用文件，仅注日期的版本适用于本文件。凡是不注日期的引用文件，其最新版本（包括所有的修改单）适用于本文件。

GB/T 18300 自动控制钠离子交换器技术条件

HG/T 3135 全自动固定床钠离子交换器

3 检修周期与内容

3.1 检修周期

根据对交换器功能故障及其影响分析结果、有无备用设备并结合生产装置运行周期，确定检修周期，一般为 4～6 年。

3.2 检修内容

3.2.1 交换器本体检修

3.2.1.1 器壁衬里检查修补。

3.2.1.2 支承架检查修理。

3.2.1.3 密封垫检查更换。

3.2.1.4 支管网套检查更换。

3.2.1.5 交换器内的进、出水装置检查修理。

3.2.1.6 清除碎树脂，补充新树脂。

3.2.1.7 中间排水装置，再生液排水装置检查修理。
3.2.1.8 石英砂垫层检查清洗、级配补充。

3.2.2 酸碱管道检修

3.2.2.1 消除泄漏。
3.2.2.2 冲洗管道。
3.2.2.3 局部修理。
3.2.2.4 支架修理。
3.2.2.5 除锈油漆。
3.2.2.6 阀门修理，更换。

3.2.3 特殊阀门检修

3.2.3.1 隔膜更换。
3.2.3.2 轴承更换。
3.2.3.3 检查修理阀体、阀盖、气缸、气缸盖。
3.2.3.4 清洗检查活塞、轴承座、弹簧等零件。
3.2.3.5 检查修理衬胶层、活塞杆、阀杆、阀瓣等零件。
3.2.3.6 更换活塞环、密封环、填料等易损件。
3.2.3.7 支座修理。
3.2.3.8 连接螺栓的修理，更换。

4 检修程序与质量标准

4.1 检修前准备

4.1.1 掌握交换器运行状况，备齐施工方案、必要的图纸和资料。
4.1.2 组织施工人员进行技术交底，熟悉施工方案、施工图纸、技术要求及有关资料，并掌握施工质量标准，准备好记录图表。
4.1.3 备齐检修工具、量具、配件及材料。
4.1.4 关闭进、出口阀，放净套管内介质并处理干净，符合安全检修条件，办理有关作业票。
4.1.5 高空作业应搭设脚手架，并办理高空作业票
4.1.6 容器内工作的安全措施
4.1.6.1 容器外必须设专人监护。
4.1.6.2 容器内必须通风良好，氧含量符合要求。
4.1.6.3 必须有良好的照明设施（照明电源应使用安全电压）。
4.1.6.4 在容器内使用电、火焊应办理动火工作票。

4.2 检修程序与质量标准

4.2.1 离子交换器本体

4.2.1.1 支管网套的质量标准

a）支管内层网套16～22目，应紧贴在支管的外壁上，外层网套为40～60目，网套的直径应大于内套直径3～4mm，网套表面应无跳丝，无老化现象。

b）网套应选用涤纶、锦纶、聚氯乙烯、聚乙烯、不锈钢材质。

c）网套绑扎牢固。

4.2.1.2 平板水帽型的集配水装置质量标准

a）衬胶多孔板表面应平整，受力变形后，如影响安全运行，应进行校平处理，校平时应注意保护衬胶层。

b）衬胶板与多孔板之间应有良好的密封。

c）法兰多孔板应丝扣完好，与水帽配合紧力适中，严禁锉削水帽螺纹。

d）塑料孔板应无起层、裂纹，老化现象。

4.2.1.3 水帽的质量标准

a）水帽应完整无损，坚固可靠。

b）水帽缝隙一般为0.3～0.5mm。

c）丝扣完整，旋入的螺扣不得少于5扣。

d）水帽全部安装完后，应作喷水试验，检查安装是否牢固，配水是否均匀。

4.2.1.4 支、母管式中间排水装置、再生液排水装置、进出水装置的质量标准

a）支、母管法兰连接处，其法兰与支管的垂直偏差不大于3mm。

b）支管应平整光滑、无毛刺，管内无焊渣及杂物，孔眼无堵塞。

c）安装后的支管水平偏差不大于4mm，支管间水平偏差不大于2mm。

d）支管与托架用U形螺栓固定，并垫上耐酸胶板，必须绑扎结实。

e）弧形支管的弧度应与封头的弧度一致，弧形管与封头衬胶层的间隙为3～6mm，最大不超过15mm，支管间平行偏差不大于2mm。

f）紧固螺栓与U形螺栓两端安装时需安装特制平垫圈，以保护交换器本体与支承件衬胶层，平垫圈外径需要大于设备本体衬胶前开孔直径10mm以上，内径大于螺栓直径1～2mm，平垫圈厚度大于3mm，材质以S31603为宜。

4.2.1.5 交换器罐体与填装树脂的质量标准

a）器壁衬胶层无老化、无裂纹、起包等缺陷。

b）用电火花检验器检查内壁衬胶层，均无漏电现象。

c）交换器内非防腐的金属材质，以S31603为宜。

d）交换器外部干净，油漆完整，颜色符合要求。

e）填装树脂符合设计要求。

f）所属阀门开关灵活，无卡涩现象。

g）监视镜清楚，无泄漏。

4.2.1.6　石英砂质量标准

a）新石英砂：SiO_2 纯度不低于99%，化学稳定性试验合格。

b）新装填的石英砂应在10%盐酸中浸泡8h冲洗干净，方可使用。

c）石英砂装填高度及级配符合设计要求。

4.2.2　酸碱管道的质量标准

4.2.2.1　塑料管道

a）管壁无分层、裂纹及明显的不平

b）内径150mm以下的塑料管，其椭圆度不得大于正负5%。

c）厚度30mm以下的塑料管，其厚度误差不得大于正负15%。

d）直管部分每隔30m，应装U形膨胀节，弯管部分的椭圆度应小于6%。

e）采用承插式连接的塑料管，粘接剂涂刷均匀，其端口必须焊接，焊缝圈数不得少于3圈。

f）塑料管焊接后，焊缝不得有断裂、变色，烧焦、分层、鼓包和突瘤等缺陷，焊缝表面光洁，焊条应排列均匀，紧密、宽窄一致。

g）安装坡度，自流管按介质流动方向应不小于1%。

4.2.2.2　衬胶管道

a）金属外表不允许有严重的腐蚀。

b）逐根逐件对衬胶层进行检查。

c）外观检查无缺陷。

d）法兰结合面平整，无径向沟槽，胶板厚度不小于1.5mm。

e）电火花检验器检查无漏电现象。

f）安装坡度自流管按介质流动方向坡度不小于1%。

4.2.2.3　玻璃钢管道

a）管道外观检查不得有分层、厚薄不均、鼓泡等缺陷，表面光滑平整。

b）新管逐根做1.25倍工作压力的水压试验，不得有泄漏、冒汗等缺陷。

c）粘接管子或法兰，其接口胶泥应均匀光滑，高度应与管壁齐平，粘接密实、表面无气孔或裂纹。

d）法兰结合面平整，无径向沟槽。

e）用胶泥粘接的承插接口间隙均匀，其值为2～3mm。

f）安装坡度，自流管按介质流动方向坡度不小于1%。

4.2.3　特殊阀门的质量标准

4.2.3.1　手动隔膜阀

a）阀体、阀盖铸铁部分无裂纹、砂眼。衬胶衬里经电火花检验器检查无漏电现象。阀体密封面应光滑、无裂纹。

b）阀瓣无腐蚀、无裂纹、毛刺。

c）隔膜预埋铜钉牢固，隔膜无裂纹、无分层、无凹凸。

d）阀瓣与阀杆的连接销钉无锈蚀，配合良好。

e）阀杆与阀杆螺母应配合适宜，转动灵活，螺纹无乱丝断扣、严重腐损等缺陷，螺纹齿宽腐损最大不超过其宽度的 1/3。

f）推力轴承的滚子与滚道无坑疤，接触平稳。

4.2.3.2　气动衬胶隔膜阀

a）气缸内部应光滑、无沟痕、裂纹。

b）弹簧弹性良好，无锈蚀、无断裂、无裂纹。

c）O 形橡胶密封圈无压偏、无裂纹、无老化。

d）活塞杆弯曲度不超过 0.08mm。

e）气缸与活塞之间的间隙在 0.8～1.0mm 之间。

f）缸内不允许有大于 0.3mm 以下的径向沟痕。

g）活塞杆与活塞必须保持垂直。

4.2.3.3　直流式衬胶截止阀

a）阀体、阀盖铸铁部分无裂纹、砂眼等缺陷。

b）阀体衬胶层经电火花检验器检查无漏电现象，无老化。

c）阀杆目测无弯曲。

d）阀杆与阀杆螺母无腐蚀、裂纹，螺纹齿宽磨损最大不超过其宽度的 1/3。

e）阀芯衬胶表面无裂纹、无老化。

f）阀杆与填料接触部分的腐蚀长度不得大于填料箱深度的 1/4，腐蚀深度不大于 0.8mm。

g）填料箱内清洁，盘根切口为 45°，接口应均匀错开，新加盘根后，压盖应嵌入填料箱内 3～6mm。

5　试车与验收

5.1　试车前准备

5.1.1　与交换器有关的电气、热工、化学仪表及操作盘，均应安装完毕，指示正确，操作灵活并能投入使用，压力表、温度计完好。

5.1.2　现场照明和通信设施，应能满足试运行工作的正常进行

5.1.3　转动机械应经分部试运合格。

5.1.4　交换器设备在冰冻季节启动时，应采取可靠的防冻措施

5.1.5　交换器所有管道、设备，应按有关规定的颜色涂漆完毕

5.1.6　交换器所需滤料、交换剂及药品规格，应符合设计规定，数量应满足试运行的需要

5.1.7　交换器设备启动前，应具有经审查批准的启动试运行技术措施。
5.1.8　试运行前的冲管。交换器与管道的冲洗，要求出水澄清，即无机械杂质和悬浮物。
5.1.9　试运行前的进行水压，按照工艺标准要求进行水压试验，检查焊口、法兰连接部分，要求严密不漏，检查阀门开关正常，法兰螺栓紧固良好。
5.1.10　交换器的冲洗与水压试验，应逐级进行（按工艺流程），待某单元冲洗合格后，即进行水压试验，并相应冲洗附属系统。如阳床冲洗与水压合格后，即冲洗酸再生系统并试投之（在冲洗附属系统初期，冲洗水不应进入交换器本体，待冲洗合格后再并入交换器本体）。
5.1.11　在冲洗交换器时，应检查出水中有否跑砂，并记录流量及压差，以判断进、排水装置的阻力是否合理。
5.1.12　待冲管、水压结束后，各交换器进行装填离子交换树脂。
5.1.13　清扫交换器周围树脂、施工杂物等，保证安全，符合试车条件。

5.2　试车

5.2.1　对再生系统中喷射器应先投运行调整，待抽吸量能满足工艺需要后（以水作介质），计量箱方可进酸、碱。
5.2.2　树脂第一次再生时，再生剂耗量应比正常剂量大 1 倍左右。
5.2.3　试运行时应逐级试运行，即先投阳床，待阳床出水合格、且后级水箱水合格后，再投下一级设备。
5.2.4　离子交换树脂是否需作预处理，应视树脂质量而定。
5.2.5　试运行必须由检修及运行人员会同进行，由运行人员进行操作，检修人员消缺。
5.2.6　交换器试运行，其出水品质及设备出力应符合设计要求，达不到时，应查明原因并消除隐患，直到达到要求为止。
5.2.7　按照工艺操作规程进行运行，交换器不超压，不抖动。
5.2.8　介质的压力、温度不应超过规定范围。
5.2.9　交换器本体、管道、阀门和各连接部位密封完好无泄漏。

5.3　验收

5.3.1　连续运转 24h 后，各项技术指标均达到设计要求，或能满足生产的需要。
5.3.2　设备达到完好标准。
5.3.3　检修记录齐全、准确，按规定办理验收手续。

6　维护与故障处理

6.1　日常维护

6.1.1　定时巡检，作好记录。

6.1.2　定时检查出水水质、振动、温度和压力。

6.1.3　定时检查各密封面是否泄漏。

6.2　常见功能故障与处理方法

离子交换器常见功能故障与处理方法见表 1。

表 1　离子交换器常见功能故障与处理方法

序号	功能	功能故障	故障模式	故障后果	故障应对策略与检修内容	检修周期 / 月
1	化学除盐	再生剂浓度异常	进再生剂阀门膜片脱落或卡住	出水不合格，周期制水量小	修理阀门	视情况定
			进再生剂管线异物堵塞或衬里脱落，喷射器喷嘴中心不正		冲洗管线，检查管线衬里，消除缺陷，或更换管线，维修喷射器	
			进水压力低或交换器本体压力高		调整压力	
			交换器排水阀门排水不畅		维修排水阀门	
			浓度计故障		维修浓度计	
			进再生剂阀门开度小		调整进再生剂阀门	
2		出水带树脂交换器或再生时带树脂	网套脱落	出水不合格，周期制水量小	重新绑扎网套	视情况定
			中排垫片变形、连接不牢		更换垫片，紧固螺栓	
			支、母管断裂、开焊		焊接修理	
			水帽破损脱落		更换水帽	视情况定
3		气动蝶阀、隔膜阀开关不动	电磁阀失电	运行不了	通知仪表消除故障	视情况定
			电磁阀未失电但不动作		通知仪表消除故障	
			气压低		提高气压	
			电磁阀气道堵		通知仪表处理疏通气道	
4		质量仪表故障	在线质量分析表计故障、失准	质量监督困难	及时标定或维修，手工分析判断运行终点	视情况定
5		阳床出水有硬度	进水浊度大	出水质量不合格	检查高效过滤器运行情况，再生后重新投用	视情况定
			流速过小造成落床乱层		控制好流量	
			再生不彻底		重新再生	
			树脂缺损或污染		填补树脂或进行树脂复苏	

表 1　离子交换器常见功能故障与处理方法（续）

序号	功能	功能故障	故障模式	故障后果	故障应对策略与检修内容	检修周期／月
6	化学除盐	阴床出水水质恶化，电导、硅酸根、pH值大	阳床失效	出水质量不合格	停用失效交换器	视情况定
			再生不彻底		停用，再生后使用	
			进再生剂阀门泄漏		检修阀门	
			填补树脂或进行树脂复苏		填补树脂或进行树脂复苏	
7		周期制水量较低	是否来水水质异常	酸碱耗高	调整来水水质	视情况定
			再生剂品质有问题		更换再生剂	视情况定
			树脂缺损或污染		填补树脂或进行树脂复苏	
8	化学除盐	再生进酸碱受阻	再生阀酸碱阀异常	运行不了	维修再生进酸碱阀	视情况定
			酸碱管线内部衬里鼓包		检查更换酸碱管线	
			再生工作水压力、水量是否正常		调整再生工作水	
			喷射器是否异常		维修喷射器	
9		运行压差较大	树脂脏	运行能耗高，运行不了	清洗树脂	视情况定
			树脂捕捉器堵塞		清理树脂捕捉器，并分析原因	
			树脂装填过多		重新核实树脂量	
			树脂破碎		清洗树脂或更换树脂	
			管道、阀门异常		维修管道、阀门	
10		运行泄漏	静密封泄漏	不符合清洁生产要求，污染环境	及时紧固螺栓，或更换垫片	视情况定
			本体减薄，泄漏		及时修补内部衬胶，加强设备本体内外部油漆	

附　录　A
（资料性附录）
离子交换器检修质量控制确认表

项目	主要控制内容			等级	施工单位	生产装置	设备管理部门	备注
	标准值	部位	现场记录					
中排支管网套	网套表面应无跳丝，无老化现象，绑扎牢固			B	★	★		
平板水帽型的集配水装置	表面应平整，衬胶板与多孔板之间应有良好的密封水帽配合紧力适中			B	★	★		
水帽	水帽缝隙为0.3～0.5mm，应完整无损，坚固可靠配水均匀			B	★	★		
支、母管式中间排水装置、再生液排水装置、进出水装置	支、母管平整光滑、无毛刺，管内无焊渣及杂物，孔眼无堵塞			B	★	★		
交换器本体	器壁衬胶层无老化、无裂纹、起包等缺陷用电火花检验器检查内壁衬胶层，均无漏电现象			B	★	★		
树脂	填装树脂符合设计要求，交换效果好，水质合格			B	★	★		
石英砂	SiO_2纯度不低于99%，化学稳定性试验合格，石英砂装填符合设计要求			B	★	★		

注： A级：施工单位、生产装置、设备管理部门专业人员检查确认后签字。
B级：施工单位和生产装置专业人员检查确认后签字。
C级：施工单位专业人员检查确认后签字。
另：如果有监理，监理的职责由甲方授权。

附 录 B
（资料性附录）
离子交换器试漏与验收数据记录表

装置：　　　　　　　　　　　　设备名称：　　　　　　　　　　位号：

试漏参数记录：			记录时间											
记录名称	参数位号	标准	1:00	2:00	3:00	4:00	5:00	6:00	7:00	8:00	9:00	10:00	11:00	12:00
支、母管式中间排水装置、再生液排水装置		排水均匀，牢固，无树脂泄漏												
中排支管网套		结实，无破损，无树脂泄漏												
进水、出水装置		进、排水均匀，稳固												
水帽		完整无损，坚固可靠流水畅通，水量合适，布水均匀匀，无树脂泄漏												
树脂		树脂高度按工艺要求填装，质量符合工艺要求指标交换效果好，水质合格												
石英砂		化学稳定性合格，石英砂无跑损												
交换器本体		人孔无泄漏，罐体无泄漏，运行无抖动，内外防腐完好												
本体管道		无泄漏，防腐良好												

离子交换器试漏与验收数据记录表（续）

监视镜		视镜清楚，密封无泄漏												
本体阀门		阀门开关灵活，无内漏，外漏，螺栓齐全，防腐良好												
验收确认		施工单位：					管理单位：					使用单位：		
备注：1. 三方签字验收后交付生产使用。2. 大修后 15 个工作日内，将试车记录及验收表扫描录入设备管理系统。														